孟老師的
美味蛋糕卷

5種蛋糕體＋5種夾心奶油餡的百變蛋糕卷

孟兆慶 ◎ 著

動手做，找到快樂

孟老師和我很投緣，不只因為她是教我烘焙的老師（雖然我因為工作忙碌，常常翹課），還因為我們有著在眷村成長的相同背景，以及在廚房裡那股無以名之，喜歡動手做的習慣及開心。

常常，我們聊到麵食，總是會問對方，「那你們家以前都怎麼揉麵？」、「你家的麵疙瘩是硬的還軟的？」、「你們家都包什麼餡料的餃子呢？」。

講到開心處，我們兩個會不約而同相視哈哈大笑，拍手稱是；那是一個簡單清貧的兒時記憶，眷村裡家家戶戶都是食指浩繁，爸爸媽媽必須利用最少的資源：鹽，醬油，麵粉，白米……等，變出餐桌上的佳餚，也因而造就了很多平凡又令人難忘的兒時味覺記憶，雖然時間越來越久遠，可是滋味卻在回憶裡越來越濃醇。

孟老師在西點烘焙教學的領域裡已經耕耘了許久，台灣頭到台灣尾，也造就了不少喜歡西點的學生，她過去那幾本教做餅乾，蛋糕的食譜在我書架上最明顯的位置，三不五時就被我拿下來東翻翻，西瞧瞧，有時心血來潮也會帶著我的小外甥，在家裡搓揉麵粉，做些簡單又有成就感的小點心，讓周末假日的午後充滿了混合奶油，蛋黃和麵粉烘烤過的香氣；隨著家人喧鬧驚奇的笑聲，這些都是開心而滿足的記憶。

孟老師總是鼓勵學生，「做西點，玩麵粉，沒那麼難」，只要動手做，在一次又一次的嘗試錯誤後，會學得很快，且抓到這些食材的特性；「動手做」比看上一百本食譜、上一百次烹飪課都要有用。

這個想法和我很像，因為做菜和烹飪一樣，老師和書本上教的配方及作法永遠只是參考，每個人家裡鍋子不同大小，烤箱的廠牌不同，買回家材料有時也不盡相同，而食材不會騙人，最後都會呈現最真實的狀況，那必須要認真去思考配方、比例，和溫度，時間之間的關係，再逐次調整，對於廚藝，老師永遠只能領進門，只有實做，才能把功夫學到，也才能體會真正「動手做」的快樂。

這回，老師又把近年來大家最愛的蛋糕卷，一次教到「透徹」，讓我見識到小時候最愛的奶油蛋糕卷，居然可以變化出這麼多不同的樣貌和口味；從蛋料體的變化，到塗抹的醬，包夾的餡，任意組合，每次入口都是一種驚喜和幸福。

我何其幸運，在新書出版之前，不但拿到了這些孟老師精心設計的食譜，也吃到了孟老師千變萬化的蛋糕卷，每一塊蛋糕卷我都細細端詳了許久才送入口中；但我相信，這些蛋糕真的是平凡又簡單的點心，只要開始「動手做」，就能體會創造幸福的快樂。

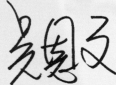

被美味和蛋糕給捲進不歸路！

　　我最佩服的就是那些會寫論文的人了，管他是教授還是學者，因為他們總是能夠把相關的東西匯整在一起，透過分析和比較讓大家能夠更清楚的一目瞭然，同時還會在資料裡加上很多自創的內容，使得讀者受益無窮。

　　孟老師就是一個擅長寫點心論文的人！

　　每隔一段時間，她就手癢了，她就心動了，她就不安分了……她就又出了一本點心論文了！

　　光看書名，你可能以為這只是一本和坊間其他點心書一樣的「又一本」，但是細看裡面的內容，你將會發現他讓你輕鬆容易地做出各種美味的蛋糕體，同時還能學會各種不同搭配蛋糕體的夾心餡，在蛋糕體和夾心餡的交叉組合之後，產生的蛋糕卷將遠遠的超過書中介紹的63種，天啊～～是不是太神奇了！

　　一般坊間的食譜作者出書之後就會消失一陣子，等到蘊釀好了下一個才會再度出現，可是孟老師卻不如此，因為她「不安於室」！她絕對不會安安靜靜地待在家裡等著收版稅，她會像競選民意代表一樣主動走透透，組合志同道合的烘培同道們一起辦簽名會、試吃會、品嚐會、母姐會……經由面對面的接觸指導大家實際操作上技巧，解決大家新手入門的問題，好像非要搞得大家都會做、大家都不會錯一樣！除此之外，她還不停地透過網路、電話接受所有讀者的諮詢，試問……這麼好的售後服務……那裡去找？

　　相信我，只要你擁有了這一本書，你很可能就會像書名一樣……

　　被《美味和蛋糕給捲》進這條不歸路嘍！

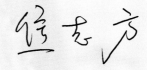

平凡的蛋糕體變身為美味蛋糕卷

所謂的「蛋糕卷」，即一般人所稱的「瑞士卷」。一直以來，這道國民甜點給人的印象是平凡又樸實的，就口味來說，也無驚人之處，不過就是一片蛋糕，捲著打發鮮奶油或果醬而已！在變化性不高的情況下，似乎只是糕餅店中充數的產品而已，甚至無法與精緻亮麗的法式甜點相抗衡；因此起初有念頭要出一本「蛋糕卷」的食譜書時，心中不免質疑，這麼單純的題材有辦法形成一本食譜書嗎？

但千真萬確的是，有如小家碧玉的蛋糕卷卻始終不曾消失過，由此證明，蛋糕卷應有它的存在價值與發揮的條件。

後來，我找出蛋糕卷受歡迎的理由，除了平價的誘因外，就是老少咸宜的親和力；然而我認為蛋糕卷不該只是局限於幾款大眾熟知的口味而已，我相信在不同食材運用下，利用天然條件，肯定能夠將蛋糕卷的美味無限延伸，基於這樣的概念，蛋糕卷的口味變化絕對是豐富性的。

在著手蛋糕卷的食譜製作之前，我走訪各地，並刻意安排一趟東京的蛋糕卷之旅，試圖瞭解與品嚐各式口味的蛋糕卷，甚至坊間流行的團購產品，我也沒放過；連續幾個月，嘴裡吃的，心裡想的，除了蛋糕卷還是蛋糕卷，透過品嚐與觀察的過程中，我從中獲得不少創作靈感，同時也發現蛋糕卷的優與劣，完全受制於食材的好壞，即便是一條外貌平庸的蛋糕卷，只要掌握真材實料的製作原則，保證讓人獲得味蕾的滿足。

然而令人遺憾的現象，卻是見到不少消費者不明就裡被媒體或網路報導所影響，而一窩蜂跟著搶購並非優質的蛋糕卷，盲目地吃進人工色素、香精調味的產品而不自知；所謂的人氣商品，不見得與好品質畫上等號，但我確信，唯有親手製作掌控品質，才能體會何謂「自然香醇的滋味、入口即化的奶油霜，以及食材本身該有的風貌」等，否則永遠以為紫色的芋泥蛋糕卷是合理的、不會凝固的奶油霜才更討好、紅通通的草莓蛋糕才會擄獲人心；因此，一片平凡無奇的蛋糕體捲入化口性極佳的餡料，才是蛋糕卷的精髓所在，試試看由書中的數十道食譜，如何藉由食材的豐富性，捲出獨具創意又美味的蛋糕卷。

孟兆慶

Contents 目錄

〔推薦序〕

　動手做，找到快樂／吳恩文　　2

　被美味和蛋糕給捲進不歸路！／焦志方　　3

〔自序〕

　平凡的蛋糕體變身為美味蛋糕卷／孟兆慶　　4

百變蛋糕卷

　蛋糕卷三部曲　　8

　準備工作　　9

　製作蛋糕體　　13

　製作夾心餡　　25

　捲蛋糕　　31

　美化蛋糕卷　　36

　道具　　40

　材料　　42

　蛋糕卷的組合　　46

熟悉親和的 在地滋味

原味鮮奶油蛋糕卷　　52

蜜紅豆戚風卷　　54

芋泥蛋糕卷　　56

地瓜泥蛋糕卷　　58

紅豆沙蛋糕卷　　60

虎皮蛋糕卷　　62

蘭姆葡萄蛋糕卷　　64

葡萄乾砂糖蛋糕卷　　66

黑糖麻糬蛋糕卷　　68

爽口清雅的 鮮果滋味

鮮紅草莓蛋糕卷　　72

奇異果蛋糕卷　　74

檸檬奶油蛋糕卷　　76

水蜜桃蛋糕卷　　78

椰香鳳梨蛋糕卷　　80

香橙蛋糕卷　　82

香草蘋果蛋糕卷　　84

藍莓蛋糕卷　　86

蔓越莓蛋糕卷　　88

糖漬桔皮蛋糕卷　　90

無花果蛋糕卷　　92

芝麻香蕉蛋糕卷　　94

覆盆子蛋糕卷　　96

綜合鮮果蛋糕卷　　98

切達葡萄乾蛋糕卷　　100

百香果乳酪蛋糕卷　　102

紫葡萄乳酸蛋糕卷　　104

蜂蜜優格蛋糕卷　　106

回味無窮的 果仁滋味

杏仁楓糖蛋糕卷　　110

焦糖核桃蛋糕卷　　112

黑芝麻慕斯琳蛋糕卷　　114

濃香杏仁蛋糕卷　　116

蜂蜜夏威夷果仁蛋糕卷　　118

椰奶開心果蛋糕卷　　120

南瓜黑豆蛋糕卷　　122

松子黑糖蛋糕卷　　124

栗子蛋糕卷　　126

白芝麻奶油蛋糕卷　　128

清爽宜人的 驚喜滋味

伯爵奶茶蛋糕卷　　　132

紅茶凍蛋糕卷　　　134

抹茶蜜豆蛋糕卷　　　136

抹茶慕斯琳蛋糕卷　　　138

白巧克力抹茶蛋糕卷　　　140

抹茶豆沙蛋糕卷　　　142

抹茶麻糬蛋糕卷　　　144

白豆沙櫻花蛋糕卷　　　146

品味再三的 濃醇滋味

可可蛋糕卷　　　150

酒漬櫻桃蛋糕卷　　　152

巧克力香蕉蛋糕卷　　　154

可可木材蛋糕卷　　　156

可可杏仁蛋糕卷　　　158

巧克力太妃蛋糕卷　　　160

歐培拉蛋糕卷　　　162

雙色果醬蛋糕卷　　　164

咖啡核桃蛋糕卷　　　166

咖啡慕斯琳蛋糕卷　　　168

咖啡杏仁蛋糕卷　　　170

太妃醬蛋糕卷　　　172

人氣 奶凍卷

草莓奶凍卷　　　176

芒果奶凍卷　　　178

芋泥奶凍卷　　　180

抹茶奶凍卷　　　182

伯爵茶奶凍卷　　　184

可可奶凍卷　　　188

百變蛋糕卷

　　所謂的「蛋糕卷」，如果單純以為只是一片蛋糕，捲著打發的鮮奶油或果醬而已，那可就大錯特錯了，事實上利用不同屬性的蛋糕體配上千變萬化的夾心餡，足以造就令人想像不到的蛋糕卷風貌；雖然書上不過六十幾道食譜，但加以延伸或重新組合後，絕對有更多意想不到的蛋糕卷；幾款蛋糕體加上幾款奶油霜，在「素材不拘、質地不限」的寬廣條件下，只要是美味的、能捲的，都能變成蛋糕卷。好玩的是，只要循著幾道製作模式，你會發現想要輕易上手，其實門檻是不高的，因為不需要高超的技術，只要好好掌握「蛋糕卷三部曲」即會進入情況。

蛋糕卷三部曲

該如何順利製作蛋糕卷呢？
有哪些事項必須掌握的呢？
有了明確的方式，才能在輕鬆又快速的情況下，做出好吃又好看的蛋糕卷。
簡單來說，製作蛋糕卷的三大步驟就是……

製作蛋糕體　➡　製作夾心餡　➡　捲蛋糕

　　以上這些步驟，每個環節都關係著成品的優劣，首先，有個軟硬適中、乾溼合宜的蛋糕體，就是成功的開始，接著再以搭配的夾心餡當作美味加分的元素，最後藉由恰當又俐落的手法，將蛋糕與夾心好好地捲為一體；瞭解並掌握三大步驟的細節，即能做出美味又可口的蛋糕卷囉！

準備工作

事實上，製作蛋糕卷可在短時間內即能完成，而做好事前的「準備」，才不致於手忙腳亂、錯誤百出；首先必須關心以下要點，才能達到事半功倍的效果。

◎ 你的烤盤有多大？……確認清楚，以免麵糊過多或過少！

蛋糕卷的主體，就是一片長寬厚薄均適宜的蛋糕體，因此首先必須確認平烤盤的尺寸，才能捲出適當大小與厚度的成品，根據書中所使用的烤盤，可以換算出不同烤盤所需要的實際分量，舉例如下：

● 書中的烤盤尺寸（36公分×26公分）如要改成較小尺寸的烤盤

蛋糕麵糊用量換算

$36 \times 26 = 936$　　$26 \times 26 = 676$

$676 \div 936 = 0.72$（以0.7計）

則將書中的用料全部分別乘以0.7即可

例如（以下換算數字，均以整數為原則）：

（36公分×26公分的烤盤）		（26公分×26公分的烤盤）
全蛋	200克 →	140克
蛋黃	20克 →	15克
細砂糖	80克 →	55克
低筋麵粉	65克 →	45克
無鹽奶油	30克 →	20克
鮮奶	35克 →	25克

同樣的，夾心餡或淋面用量＝書中的分量×0.7即可。

● 書中的烤盤尺寸（36公分×26公分）如要改成較大尺寸的烤盤

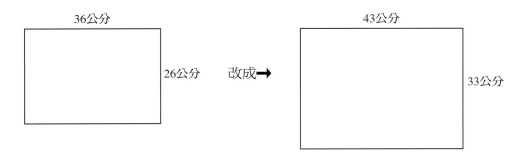

蛋糕麵糊用量換算

$36 \times 26 = 936$ $43 \times 33 = 1419$

$1419 \div 936 = 1.52$（以1.5計）

則將書中的用料全部分別乘以1.5即可

例如：

（36公分×26公分的烤盤）			（43公分×33公分的烤盤）
全蛋	200克	→	300克
蛋黃	20克	→	30克
細砂糖	80克	→	120克
低筋麵粉	65克	→	98克
無鹽奶油	30克	→	45克
鮮奶	35克	→	53克

同樣的，夾心餡或淋面用量＝書中的分量×1.5

（以上的烤盤尺寸，是以烤盤內的長、寬為準）

🌀 別忘了！烤盤要先鋪紙……才不會讓麵糊久等！

在烤盤內鋪上適當大小的烘焙用蛋糕紙（以下內容均簡稱「蛋糕紙」），除了可避免蛋糕底部著色過深外，也有助於產品能夠順利脫模（脫離烤盤）；如果烤箱無法分別設定上、下的溫度，則可在烤盤上墊兩張蛋糕紙，即能有效控制蛋糕底部受熱過度的問題。

● 鋪紙方式

1	2	3
準備一張蛋糕紙，紙張的長、寬要大於烤盤的長、寬約5公分。	將蛋糕紙的4個角，分別對準烤盤的角，分別剪出刀口。	將蛋糕紙的4個邊分別以烤盤的長、寬向內摺，再放入烤盤內，同時將紙張的邊緣壓平。

🌀 鋪在烤盤內的蛋糕紙，如四邊摺起來的高度高於蛋糕體，則可在蛋糕出爐時，一手拿著烤盤、另一手抓著蛋糕紙，直接將蛋糕體從烤盤內拖出，即可免除烤盤倒扣的動作。

T
I
P
S

◎ 烤箱先預熱，一定要的！……才不會讓麵糊久等而消泡！

　　任何烘焙產品，讓烤箱先預熱是必要的準備工作，尤其蛋糕體的製作時間很短，因此烤箱必須在蛋糕麵糊製作完成前，即已達到理想的烘烤溫度，否則麵糊在室溫久置之後，即有消泡之虞；而烤箱預熱後，麵糊也才會達到平均受熱的效果，如此也有助於烤後的產品品質。一般的家用烤箱，因性能的不同，預熱時間也有差異，原則上，在烘烤前10～15分鐘，開始將烤箱以上火約190℃、下火約160℃的溫度預熱並烘烤；有關其他的烘烤注意事項，請看 p.24 的說明。

◎ 紙製擠花袋，很簡單！……有需要的話，必須先做！

　　一般來說，如果麵糊（或其他材料）是少量的（如 p.74 的奇異果蛋糕卷的紅色小圓點），或需要製作細線條者（如 p.168 的咖啡慕斯琳蛋糕卷的裝飾線條及 p.160 的巧克力太妃蛋糕卷的巧克力線條），最好利用紙製擠花袋來製作，一來具有方便性、二來製作時的效果較佳；以下就是紙製擠花袋的製作方式及使用方式。

● 製作方式

1

市售的對開長方形蛋糕紙（長約62公分、寬約42公分）先對摺，平分成兩張梯形，再裁開。

2

將梯形蛋糕紙放在桌面上，右手抓住最短的一邊，左手抓住另一邊。

3

右手向內捲，成三角錐狀。

4

左手繞著三角錐，與三角錐會合。

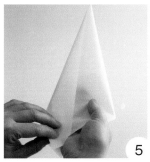

5

成為三角形紙袋後，左手將蛋糕紙拉直，即成密合的尖口。

6

三角紙袋的開口處，將頂端的紙張向內摺緊。

7

摺緊後，紙袋即能固定。

● 使用方式

 8
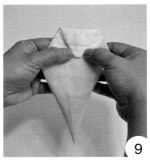 9
 10
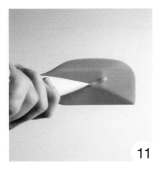 11

如以正方形的蛋糕紙裁開,則成2張同樣大小的三角形,也以同樣方式製作擠花袋。

製成擠花袋後,將材料裝入袋內,先將開口處密合再向內摺,以免材料從開口處擠出來。

最後再用剪刀在紙袋的尖端處,剪出需要的洞口大小。

使用前,先試擠一下,確認袋內材料的流性是否順暢。

◎ 秤料要確實! ……分量準確是基本要求!

◎ 避免秤料的誤差過大,是製作的基本要求,最好選用以1克(g)為單位的電子秤,會比刻度的磅秤好用又精確。

◎ 1個蛋的大小分量之差,往往影響蛋糕麵糊的濃稠度,因此為降低誤差率,本書中的蛋白、蛋黃及全蛋的重量,完全以「**去殼後的淨重**」來計量;而書中的蛋白、蛋黃及全蛋又附帶提示的「個數」,是以中型蛋的淨重約60克換算,僅供讀者參考。

◎ 分量較少的乾料(例如:玉米粉、抹茶粉、紅麴粉等)或濕性材料(例如:蘭姆酒、蘋果醋等),則可利用標準量匙計量,不但方便也可降低誤差率,但要注意材料都須與量匙平齊。

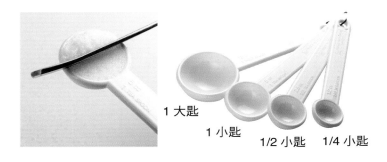

1 大匙　1 小匙　1/2 小匙　1/4 小匙

◎ 較濃稠的液體材料,例如:蜂蜜、動物性鮮奶油、楓糖等,在與其他材料拌合時,應該用橡皮刮刀盡量將附著在容器上的材料刮出,以降低損耗率。

製作蛋糕體

各種蛋糕體因配方、用料與製程的不同,而產生不同的品嚐口感,以下常用的蛋糕體均可應用於蛋糕卷的製作,並可從這些基本的原味蛋糕體中,再變化延伸出書中的各種風味的蛋糕體。

◎ 書中的蛋糕體有5種

蛋糕體	戚風蛋糕	全蛋式海綿蛋糕	分蛋式海綿蛋糕	法式分蛋海綿蛋糕	指形蛋糕
製作方式	a. 蛋黃+砂糖+液體材料+粉料 b. 蛋白+砂糖打發 c. a+b	a. 全蛋+蛋黃+砂糖打發 b. a+粉料+液體材料	a. 蛋黃+砂糖乳化 b. 蛋白+砂糖打發 c. a+b d. c+粉料+奶油	a. 全蛋+糖粉+杏仁粉 b. 蛋白+砂糖打發 c. a+b d. c+粉料+液體材料	a. 蛋白+砂糖打發 b. a+蛋黃 c. b+粉料
麵糊特性	細緻、鬆發、不會流動	顏色最深、泡沫較多、稍會流動	泡沫最細、鬆發、稍會流動	鬆發、稍會流動	細緻、比重最輕、不會流動
口感	細緻爽口、溼度高	較具蛋香味,比分蛋式海綿紮實	最細緻、鬆軟	較紮實、香氣最重	清爽不膩、較乾爽
組織	鬆發、具彈性	鬆發、孔洞較大、最具彈性	鬆發、組織最細、具彈性	彈性較弱	彈性較弱

◎ 書中的蛋糕體有哪些特色?

● 未加化學膨鬆劑

書中所使用的5種蛋糕體,都是藉由蛋白打發後的鬆發性,而產生蛋糕組織的蓬鬆效果與適度的彈性;另外加上平盤式蛋糕體,面積大、厚度小,因此當麵糊受熱時,很快即會達到膨脹現象,因此每一款蛋糕體都未加化學膨鬆劑,例如:泡打粉(baking powder)或小蘇打粉(baking soda)。其次由於打發蛋白時所添加的糖量,也可順利將蛋白打成細緻且穩定的蛋白霜,因此也捨棄平衡作用的塔塔粉(Cream of Tartar)。

● 未加基本調味料

蛋糕體製作完成後,還需抹上各式美味可口的夾心餡,無論原味的奶香、清爽的果香、濃郁的堅果香,還是香醇的可可等,都能賦予蛋糕卷不同的美妙滋味,同時更能有效掩蓋不悅的蛋腥味;因此有別於一般的蛋糕製作,本書中的蛋糕體完全未加香草精或鹽之類的調味料。

戚風蛋糕 🔘 （參見 DVD 示範）

基本材料

- 蛋黃　85克（約4.5個）
- 細砂糖　25克
- 沙拉油　45克
- 鮮奶　45克
- 低筋麵粉　85克
- 蛋白　170克（約4.5個）
- 細砂糖　85克

戚風蛋糕（Chiffon Cake）的戚風原意是指輕盈飄逸的雪紡紗；製作方式是將蛋白、蛋黃分開再各別處理，另外的特色是使用液體油製作，而非固態的奶油，因此口感特別清爽柔和；由於內含大量的打發蛋白，因而造就蓬鬆的組織與彈性。

作法

◎ 混合蛋黃糊

1
細砂糖加入蛋黃內，用打蛋器攪拌至砂糖融化。

2
沙拉油及鮮奶放在同一容器內，慢慢加入蛋黃糊內，倒入時邊用打蛋器攪拌。

3
用打蛋器攪拌成均勻細緻的蛋黃糊。

> 再說明 ↑
> 液體材料中的沙拉油及鮮奶，如各別加入時，先將沙拉油慢慢加入，並用打蛋器邊攪拌，接著再加入鮮奶。

◎ 篩入低筋麵粉

4
將低筋麵粉全部篩入蛋黃糊內，用打蛋器以不規則方向，輕輕地拌成均勻的麵糊。

> 再說明 ↑
> 以不規則方向攪拌，動作輕巧時，可避免麵粉產生筋性。

◎ 蛋白打發

5
用攪拌機將蛋白攪打至粗泡狀。

6
持續攪打後，泡沫增多、體積漸漸變大，但仍會流動，此時將細砂糖分3～4次加入，以快速方式攪打，蛋白漸漸地呈發泡狀態。

7
蛋白持續攪打後，會明顯出現紋路狀。

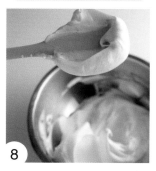

8
發泡的蛋白會固定於容器內，反扣時也不會流動。

◎ 蛋白霜與麵糊混合

9

最後再以慢速攪打約1分鐘，將大氣泡去除，即成細緻的蛋白霜。

再說明↑

加入細砂糖後，開始以快速攪拌，是指用手拿式攪拌機製作；如用桌上型攪拌機，則以中速攪拌即可。

10

取約1/3分量的蛋白霜，加入作法4的麵糊內，用橡皮刮刀（或打蛋器）輕輕地稍微拌合。

11

再加入剩餘的蛋白霜，繼續用橡皮刮刀輕輕地從容器底部刮起拌勻。

再說明↑

蛋白霜與麵糊兩者質地完全不同，因此須以部分蛋白霜與麵糊混合，以漸進式拌合，才容易拌好所有材料；所謂「稍微拌合」，是指不需要完全混合均勻，只要質地快要融合即可。

◎ 送入烤箱

12

用橡皮刮刀將麵糊快速刮入烤盤內，並改用小刮板將表面抹平。

◎ 出爐

13

將烤盤在桌面上輕敲數下，稍微震出氣泡後，烤箱預熱後，以上火約190℃、下火約160℃烘烤約12分鐘，表面呈金黃色、觸感有彈性即可。

再說明↑

1. 麵糊拌好後，內部充滿氣泡是正常現象，將烤盤放在桌面輕敲，只是希望震出較大氣泡；不可拖延時間，以免麵糊消泡影響成品。
2. 麵糊拌好後，需用橡皮刮刀快速「刮入」烤盤內，不但有效率也能避免麵糊損耗。

14

蛋糕出爐後，用手抓著蛋糕紙將蛋糕移至網架上，並撕開四邊蛋糕紙散熱。

再說明←

蛋糕出爐後應立刻脫膜（脫離烤盤），不要在烤盤上靜置，以免餘溫會使蛋糕體持續受熱而烤乾。

蛋白霜的比較

理想的蛋白霜	失敗的蛋白霜
1. 不會流動	1. 不會流動
2. 質地細緻、具光澤度	2. 質地粗糙氣泡多、不具光澤度
3. 具彈性，取一坨直立後，會呈勾狀	3. 不具彈性，呈過硬的發泡狀，不會出現勾狀
4. 具滑順感	4. 過度膨鬆，無滑順感
5. 與麵糊混合時，可輕易拌勻	5. 不易與麵糊拌勻，會出現小坨狀的蛋白霜
6. 與麵糊混合後，質地細緻	6. 與麵糊混合後，質地粗糙

全蛋式 海綿蛋糕 ◎（參見 DVD 示範）

海綿蛋糕（Sponge Cake），顧名思義即是具有如海綿般的彈性特色，藉由打發的蛋液，讓麵糊產生大量的綿密氣泡，而使蛋糕體的組織產生鬆發的效果。

基本材料

- 無鹽奶油　25克
- 鮮奶　35克
- 全蛋　200克（約3.5個）
- 蛋黃　20克（約1個）
- 細砂糖　90克
- 低筋麵粉　80克
- 玉米粉　1小匙

作法

◎ 無鹽奶油與鮮奶加熱

1

無鹽奶油與鮮奶放在同一容器內，以隔水加熱方式將奶油融化，加熱時可用小湯匙邊攪拌。

> **再說明↑**
> 奶油的融點很低，勿加熱過度，以免油水分離，當奶油快要融化時，即可離開熱水，利用餘溫融化；之後必須放回熱水上持續保溫，有助於與麵糊拌勻。

◎ 蛋液加熱

2

全蛋、蛋黃及細砂糖放在同一容器內隔水加熱，並用打蛋器攪拌；加熱時用手觸摸蛋液感覺有微溫時，即可離開熱水繼續攪拌。

> **再說明↑**
> 蛋液加溫後有助於打發，只要蛋液稍微升溫即可；勿加熱過度，以免蛋液結粒。

◎ 蛋液打發

3

用打蛋器攪拌蛋液，加溫後再改用攪拌機由慢而快不停地攪打，持續攪打後，氣泡漸多。

> **再說明↑**
> 打發時，可視蛋液的溫度狀態，可隨時再回到熱水上加熱。

4

蛋液的顏色會慢慢變淺，體積也會變大，成為濃稠的蛋糊。

5

攪打至顏色變成乳白色，撈起後滴落的蛋糊呈線條狀，不會立即消失即可。

6

最後再以慢速攪打約1分鐘，可將大氣泡去除，即呈細緻的質地。

◎ 篩入麵粉

7

將低筋麵粉及玉米粉放在同一容器內，先篩入約1/3的分量於蛋糊中。

8

用橡皮刮刀輕輕地將麵粉切入蛋糊內，再以同一方向不停地從容器底部刮起拌至無顆粒狀，接著再分2次篩入粉料，並用同樣方式將全部粉料拌勻成麵糊狀。

◎ 加入液體材料

9

取少量麵糊倒入作法1的液體內，用橡皮刮刀快速拌勻。

10

再倒回作法8的麵糊內，用橡皮刮刀從容器底部將所有材料刮拌均勻。

> 再說明↑
> 先取少量的麵糊與液體乳化拌勻，以漸進式拌合，才容易拌好所有材料。

◎ 送入烤箱

11

用橡皮刮刀將麵糊刮入烤盤內，並改用小刮板將表面抹平。

12

將烤盤在桌面上輕敲數下，稍微震出氣泡後，烤箱預熱後，以上火約190℃、下火約160℃烘烤約12分鐘左右，表面呈金黃色、觸感有彈性即可。

> 再說明↑
> 1. 麵糊拌好後，需用橡皮刮刀快速「刮入」烤盤內，不但有效率，也能避免麵糊損耗。
> 2. 麵糊拌好後，內部充滿氣泡是正常現象，將烤盤放在桌面輕敲，只是希望震出較大氣泡；不可拖延時間，以免麵糊消泡影響成品。

◎ 出爐

13

蛋糕出爐後，接著用手抓著蛋糕紙將蛋糕移至網架上。

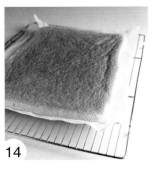

14

接著撕開四邊蛋糕紙散熱。

> 再說明↑
> 蛋糕出爐後應立刻脫膜（脫離烤盤），不要在烤盤上靜置，以免餘溫會使蛋糕體持續受熱而烤乾。

◎ 全蛋式海綿蛋糕的蛋糊如不夠鬆發，成品則失去應有的彈性與細緻組織，反之如過度鬆發時，則會呈現孔洞大又粗糙的質地，同時在捲製時，易產生龜裂現象；因此攪拌時，必須掌握作法5～6，蛋糊應呈細緻的鬆發狀。

T I P S

分蛋式 海綿蛋糕 （參見 DVD 示範）

基本材料

無鹽奶油　40克
蛋黃　100克（約5個）
細砂糖　20克
蛋白　160克（約4個）
細砂糖　75克
低筋麵粉　55克

從名稱即知分蛋式與全蛋式海綿蛋糕差異之處，但與戚風蛋糕作法卻相似，都須將蛋白打發；較不同的是，分蛋式海綿蛋糕的蛋黃經過乳化效果先與蛋白霜拌合，再加入粉料，因而造成最細緻的質地。

作法

◎ 奶油融化

1

將無鹽奶油放在容器內，以隔水加熱方式融化成液體，加熱時可用小湯匙邊攪拌。

> **再說明↑**
> 奶油的融點很低，勿加熱過度，以免油水分離，當奶油快要融化時，即可離開熱水，利用餘溫讓奶油完全融化；之後必須保持液態狀，才有助於與麵糊拌勻。

◎ 蛋黃乳化

2

將蛋黃放入容器內，加入細砂糖隔水加熱，邊加熱邊用打蛋器攪拌。

3

用打蛋器攪至砂糖完全融化，成為細緻的蛋黃糊後，繼續攪至顏色變淡、變稠，即呈乳化狀。

> **再說明↑**
> 蛋黃加入細砂糖後，必須立刻用打蛋器攪散，以免蛋黃結粒。隔水加熱時，需不停地攪拌，並適時的離開熱水，以免溫度過高，使蛋黃結粒；蛋黃經過乳化後，成品質地才更細緻。

◎ 蛋白打發

4

蛋白放入容器內，接著將細砂糖全部倒入。

5

蛋白攪打後，漸漸呈現粗泡狀。

6

持續快速攪打後，泡沫增多、體積漸漸變大，但仍會流動，不會固定於容器內。

7

蛋白持續攪打後，會呈現發泡狀態，明顯出現紋路狀。

8

打發至不會流動時，最後再以慢速攪打約1分鐘，將大氣泡去除，即成細緻的蛋白霜。

> **再說明↑**
> 不同於戚風蛋糕的打發蛋白，分蛋式海綿蛋糕的蛋白，可以先與細砂糖一起攪打，打發後的蓬鬆度較弱，成品組織較為細緻；如以戚風的蛋白打法，仍適用於分蛋海綿蛋糕。

蛋黃糊與蛋白霜混合

9
取約1/3分量的蛋白霜，加入作法3的蛋黃糊內，用橡皮刮刀輕輕地稍微拌合。

10
再加入剩餘的蛋白霜，繼續用橡皮刮刀輕輕地從容器底部刮起拌勻。

> 再說明↑
> **分次攪拌**：蛋黃糊與蛋白霜兩者質地完全不同，因此必須以部分蛋白霜與蛋黃糊混合，同樣可以漸進式拌合。
> **一次攪拌**：將蛋黃糊用橡皮刮刀全部刮入蛋白霜內拌勻（如p.22指形蛋糕的作法1～2）。

篩入麵粉

11
將低筋麵粉分3次篩入蛋糊內，用橡皮刮刀輕輕地將麵粉切入蛋糊內，再以同一方向不停地從容器底部刮起，拌至無顆粒狀，接著再篩入麵粉，並用同樣方式將全部麵粉拌勻成為麵糊狀。

> 再說明↑
> 攪拌麵糊的同時，另一手邊轉動容器。

加入奶油

12
取少量麵糊倒入作法1的融化奶油內，用橡皮刮刀快速拌勻。

13
再倒回作法11的麵糊內，用橡皮刮刀從容器底部將所有材料刮拌均勻。

> 再說明↑
> 先取少量的麵糊與液體乳化拌勻，以漸進式拌合，才容易拌好所有材料。

送入烤箱

14
用橡皮刮刀將麵糊刮入烤盤內，再改用小刮板將表面抹平。

15
將烤盤在桌面上輕敲數下，稍微震出氣泡後，烤箱預熱後，以上火約190℃、下火約160℃烘烤約12分鐘左右，表面呈金黃色、觸感有彈性即可。

> 再說明↑
> 1. 麵糊拌好後，必須用橡皮刮刀快速「刮入」烤盤內，不但有效率也能避免麵糊損耗。
> 2. 麵糊拌好後，內部充滿氣泡是正常現象，將烤盤放在桌面輕敲，只是希望震出較大氣泡，所以不可拖延時間，以免麵糊消泡影響成品。

出爐

16
蛋糕出爐後，接著用手抓著蛋糕紙將蛋糕移至網架上，並撕開四邊蛋糕紙散熱。

> 再說明↑
> 蛋糕出爐後應立刻脫膜（脫離烤盤），不要在烤盤上靜置，以免餘溫會使蛋糕體持續受熱而烤乾。

法式杏仁 海綿蛋糕 💿 （參見 DVD 示範）

法式杏仁海綿蛋糕（JOCONDE BISCUIT），廣泛用於各種法式甜點中，內含大量的杏仁粉及蛋液，因此風味特別香濃；成品組織的彈性也是來自於打發的蛋白，因此也非常適合用於蛋糕卷製作，但相較於其他的海綿蛋糕，蛋白用量較少，因此組織較緊密紮實。

基本材料

無鹽奶油　20克
┌ 杏仁粉　60克
│ 糖粉　30克.
└ 全蛋　120克（約2個）
┌ 蛋白　100克（約2.5個）
└ 細砂糖　60克
低筋麵粉　50克

作法

◎ 奶油融化

1

將無鹽奶油放在容器內，以隔水加熱方式融化成液體，加熱時可用小湯匙邊攪拌。

> 再說明↑
> 奶油的融點很低，勿加熱過度，以免油水分離，當奶油快要融化時，即可離開熱水，利用餘溫讓奶油完全融化；之後必須保持液態狀，才有助於與麵糊拌勻。

◎ 攪拌杏仁糊

2

杏仁粉、糖粉一起過篩後，與全蛋混合用打蛋器攪拌均勻。

3

攪拌至顏色稍微變淡的杏仁糊。

◎ 蛋白霜與杏仁糊混合

5

取約1/3分量的蛋白霜，加入作法3的杏仁糊內，先用打蛋器輕輕地稍微拌合，接著加入剩餘的蛋白霜，再改用橡皮刮刀輕輕地從容器底部刮起拌勻。

> 再說明↑
> 蛋白霜與杏仁糊兩者質地完全不同，因此必須以部分蛋白霜與杏仁糊混合，以漸進式拌合，才容易拌好所有材料；所謂「稍微拌合」，是指不需要完全混合均勻，只要兩者質地快要融合即可。

◎ 蛋白打發

4

依p.14的戚風蛋糕作法5～9，將蛋白打發成細緻的蛋白霜。

> 再說明↑
> 加入細砂糖後，開始以快速攪拌，是指用手拿式攪拌機製作；如用桌上型攪拌機，則以中速攪拌即可。

◉ 篩入麵粉

6

將低筋麵粉分2次篩入作法5的杏仁糊內。

7

用橡皮刮刀從容器底部刮起拌至無顆粒狀,接著再篩入麵粉,並用同樣方式將全部麵粉拌勻成為麵糊狀。

再說明←

麵粉拌入蛋糊內,需在每次拌勻後才可繼續加麵粉;應以橡皮刮刀以同一方向輕輕地攪拌,同時另一手邊轉動容器,務必讓每個部分都能拌勻。

◉ 加入奶油

8

取少量麵糊倒入作法1的融化奶油內,用橡皮刮刀快速拌勻。

◉ 送入烤箱

9

再倒回作法7的麵糊內,用橡皮刮刀從容器底部將所有材料刮拌均勻。

10

用橡皮刮刀將麵糊刮入烤盤內,再改用小刮板將表面抹平。

11

將烤盤在桌面上輕敲數下,稍微震出氣泡,烤箱預熱後,以上火約190℃、下火約160℃烘烤約15分鐘左右,表面呈金黃色、觸感有彈性即可。

再說明↑

1. 麵糊拌好後,必須用橡皮刮刀快速「刮入」烤盤內,不但有效率也能避免麵糊損耗。
2. 麵糊拌好後,內部充滿氣泡是正常現象,將烤盤放在桌面輕敲,只是希望震出較大氣泡,不可拖延時間,以免麵糊消泡影響成品。

◉ 出爐

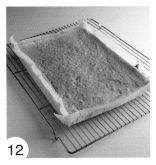

12

蛋糕出爐後,接著用手抓著蛋糕紙將蛋糕移至網架上,並撕開四邊蛋糕紙散熱。

再說明↑

蛋糕出爐後應立刻脫膜(脫離烤盤),不要在烤盤上靜置,以免餘溫會使蛋糕體持續受熱而烤乾。

指形 蛋糕 💿 （參見 DVD 示範）

　　所謂「指形蛋糕」，即大家較常稱的「手指餅乾」（Lady Fingers），為避免名詞的誤解，而以「蛋糕」稱之；事實上雖名為「餅乾」，但就用料與作法而言，就是蛋糕的意義。

　　「指形蛋糕」內含大量的打發蛋白，而造成產品組織的蓬鬆度，另外再加上蛋黃，則具有濕性材料的意義，此外未加任何油脂，則是指形蛋糕的特色，口感也就特別清爽，熱量也較低。

基本材料

蛋白　120克（約3個）
細砂糖　80克
蛋黃　60克（約3個）
低筋麵粉　80克
糖粉　適量

作法

◎ 蛋白打發

1

依p.14的戚風蛋糕作法5～9，將蛋白打發成為細緻的蛋白霜。

再說明↑
加入細砂糖後，開始以快速攪拌，是指用手拿式攪拌機製作；如用桌上型攪拌機，則以中速攪拌即可。

◎ 加入蛋黃

2

將蛋黃加入蛋白霜內，用攪拌機快速攪勻。

再說明↑
蛋白霜完成後，才可加入蛋黃。

◎ 篩入麵粉

3

將低筋麵粉分3次篩入蛋白霜內，用橡皮刮刀輕輕地將麵粉壓入蛋白霜內，再從容器底部刮起拌至無顆粒狀，接著再篩入麵粉，並用同樣方式將全部麵粉拌勻成為麵糊狀。

再說明↑
麵粉拌入蛋糊內，必須在每次拌勻後才可繼續加麵粉；應以橡皮刮刀以同一方向輕輕地攪拌，同時另一手邊轉動容器，務必讓每個部分都能拌勻。

◎ 擠麵糊

4

將平口花嘴裝入擠花袋內，將擠花袋塞進擠花嘴內，以防止裝麵糊時，麵糊從花嘴口流出。

5

袋口反摺後，用橡皮刮刀將麵糊刮入袋內。

6

將擠花袋的上端扭緊。

7

右手握住擠花袋，再將作法4的擠花嘴鬆開成可擠製的狀態。

8

右手握住擠花袋，左手支撐擠花袋以穩定擠製動作，以45°在烤盤上擠出平行線條。

9

麵糊擠完後，篩些適量的糖粉或撒各式堅果。

再說明↑
擠麵糊時力道要輕巧平均，線條即會粗細一致，不需刻意用力；在擠製的同時，必須適時地將袋口扭緊，才不會使袋內充滿多餘空氣。

◎ 送入烤箱、出爐

10

烤箱預熱後，以上火約190℃、下火約160℃烘烤約15分鐘左右，表面呈金黃色、觸感有彈性即可；蛋糕出爐後，用手抓著蛋糕紙將蛋糕移至網架上，並撕開四邊蛋糕紙散熱。

再說明↑
麵糊內充滿氣泡，質地較輕盈，因此進烤箱前可省略敲烤盤的動作。

◉ 烘烤時，該做的事！

平盤式的蛋糕體，厚度小，成品可在短時間內烘烤完成，掌握以下烘焙技巧，才能確保蛋糕體的品質：

◎ 原則上是以「高溫快烤」方式進行，讓成品表面上色的同時，內部組織也可烤透。

◎ 烤箱的下火溫度需控制得宜，勿將蛋糕體的底部上色過度，以避免口感過乾，並可防止蛋糕在捲製過程中裂開；應該以上火大、下火小的火溫烘烤。

◎ 烤箱無法分別設定上、下火時，則以書上的上、下火平均溫度烘烤；如要控制蛋糕體底部勿過度受熱時，可在烤盤上墊兩張蛋糕紙 。

◎ 不可堅守食譜上烘烤溫度與時間數據，烘烤時，請依照個人的烤箱狀況，適時地調整火侯或烘烤時間。

◉ 烘烤後，該做的事！

◎ 確認蛋糕體是否烤熟，除以表面的上色程度判斷外，另外的方式是：(1) 以小尖刀插入麵糊中檢視，確認是否沾黏。(2) 用手輕拍蛋糕體表面，具彈性與乾爽的觸感即可。

◎ 蛋糕出爐後，一手拿著烤盤、另一手抓著烤盤邊的蛋糕紙，即可將蛋糕體從烤盤內拖出，接著放在網架上冷卻。

◎取出的蛋糕體，接著用手輕輕地將四周的蛋糕紙撕開，好讓蛋糕體散熱。

◎ 待5分鐘左右，即可將蛋糕體反扣，撕掉底部的蛋糕紙散熱（請參考p.31的作法1～3）。

◎ 再依是否需要「內捲法」，可依p.33的作法4～5，再翻面一次。

◉ 蛋糕體的品質

蛋糕體烘烤完成，受「熱漲冷縮」影響，出爐後表面會漸漸收縮，是正常現象；但仍需具備以下特徵，才算做到基本的要求：

◎ 蛋糕體的內部組織具備應有的孔洞與彈性。

◎ 觸感乾爽，不可濕黏，否則蛋糕體在翻面或捲製時，表皮易脫落。

◎ 蛋糕底部的蛋糕紙撕掉後，底部色澤與蛋糕的內部色澤相同；如顏色過深，表示烘烤過度。

◎ 捲蛋糕體時，如呈現龜裂現象，表示蛋糕體烘烤過乾或蛋糊攪拌得過度鬆發（請看p.17的Tips）。

製作夾心餡

◎ 用好料⋯⋯美味的關鍵！

夾心餡，是造就蛋糕卷美味與否的主要關鍵，因此夾心餡的品質絕不可輕忽，除了眾人熟悉的「打發鮮奶油」與「果醬」外，仍有其他不同風味的「奶油霜」可供選擇；此外再添加適合的配料，更能讓口感與風味加分。

製作蛋糕卷內的奶油霜，其主要用料就是「動物性鮮奶油」及「無鹽奶油」，天然的油脂特性，具有入口即化的好口感外，風味也自然香醇；另外家庭DIY者，更應以美味又健康為訴求，因此所有劣質的人工油脂、酥油、白油以及為了賣相好的人工色素及香精等非天然素材，都應摒除在外，拒絕使用；基於以上重要原則，即能做出美味的夾心奶油霜。

以下就是本書中的蛋糕卷所使用的夾心餡⋯⋯

 鮮奶油 （參見 DVD 示範）

蛋糕卷內抹上鮮奶油，絕對是多數人所熟悉的口味，選個口感佳、風味自然的鮮奶油，就足以享受單純的美味；另外也可將打發的原味鮮奶油，調成各式口味，以突顯蛋糕卷的不同風貌。

基本材料

動物性鮮奶油　180克
細砂糖　20克

作法

1
動物性鮮奶油放入容器內，隔著冰塊水，以由慢而快的速度開始攪打。

2
速度加快後，呈濃稠狀時即將細砂糖一次加入，此時的鮮奶油仍會流動。

3
持續攪打即會呈現更濃稠、體積變大，且不會流動的狀態，即成**打發的鮮奶油**。

◎ 打發後的鮮奶油如未即刻使用，可先將整個容器持續放在冰塊水上冰鎮，以確保鮮奶油的鬆發質地。

◎ 以手動攪拌機操作，打發速度較慢，最好隔冰塊水攪打，否則鮮奶油一旦升溫，就會影響打發的品質；如桌上型稍大的攪拌機，較可快速打發，但建議攪打鮮奶油前，可先將攪拌缸放入冷藏室冰鎮，如此有助於鮮奶油的打發速度。

◎ 要塗抹鮮奶油前，應確認打發後的鮮奶油必須呈現鬆發的固態狀，不會流動，否則蛋糕卷完成後，無法定型切片。

T
I
P
S

理想的打發鮮奶油		失敗的打發鮮奶油	
1.呈濃稠狀、定點在容器內不會流動。 2.用橡皮刮刀滑動時，呈細緻光滑狀。		1.呈坨狀，質地粗糙。 2.無法用橡皮刮刀滑動。	

 簡 易 奶 油 霜 （參見 DVD 示範）

將口感佳的天然無鹽奶油加適量的糖粉調味，再以鮮奶攪打成鬆發的奶油霜，不但方便而且風味濃醇；只要將其中的鮮奶改成其他液體，或加上各式天然食材，即成加味的簡易奶油霜。

基本材料

無鹽奶油　80克
糖粉　20克
鮮奶　40克

作法

1

無鹽奶油放在室溫下回軟，加入糖粉先用橡皮刮刀拌合。

2

接著用攪拌機由慢而快將奶油攪打成鬆發的奶油糊。

3

鮮奶放在室溫下回溫後，以少量多次方式慢慢加入奶油糊中，繼續快速攪打成光滑細緻狀，即成**簡易奶油霜**。

◎ 製作簡易奶油霜前，務必將秤好的鮮奶提前放在室溫下回溫，或以微波爐加熱、隔水加熱方式，使鮮奶的溫度提高，才容易與奶油混合打發；材料中的鮮奶可改用動物性鮮奶油50克代替，風味更佳，也更容易拌合打發，同樣的，也需要提前回溫。

◎ 鮮奶（或其他液體）加入奶油糊時，速度越慢越好，並同時配合不停攪打的動作，才可順利打發；千萬不可心急，一口氣將液體全部倒入奶油糊中，如此即會造成油水分離現象。

◎ 要使用時，如簡易奶油霜不夠滑順，則需用攪拌機再打發，才有助於塗抹在蛋糕體上。

T
I
P
S

 慕斯琳　⊙（參見 DVD 示範）

所謂「慕斯琳」（crème mousseline），是由**法式奶油布丁餡**（法文 crème pâtissière）與鬆發的**奶油霜**（butter cream）混合而成的奶醬，「法式奶油布丁餡」即大家熟知的英文名卡士達（custard），主要是以蛋、鮮奶、砂糖以及麵粉（或玉米粉）混合加熱而成的濃稠蛋奶醬；最引人入勝之處，即是細緻的香純奶味與滑順口感，其中具有提升風味功能的天然香草莢，絕對是不可或缺的重要食材；慕斯琳廣泛運用在各種法式甜點中，也非常適合當成蛋糕卷的夾心餡，更能調成各式不同的口味。

基本材料

無鹽奶油	100克
蛋黃	40克
細砂糖	40克
低筋麵粉	20克
鮮奶	200克
香草莢	1/2根

作法

1
無鹽奶油放在容器內，於室溫下回軟備用。

2
蛋黃加細砂糖用打蛋器攪拌均勻。

3
加入麵粉繼續用打蛋器拌勻。

4
再加入鮮奶繼續拌勻。

5
香草莢用刀子剖開後，刮出豆莢內的籽。

6
將香草籽連同外皮一起加入鍋中，用小火加熱，須邊煮邊用打蛋器攪拌，蛋糊會漸漸變稠。

7
持續攪拌加熱的蛋糊會呈現明顯的紋路狀，達沸騰冒泡的狀態，即為**法式奶油布丁餡**。

8
將法式布丁餡以隔冰塊水方式冷卻。

9
無鹽奶油用攪拌機攪拌成奶油糊。

10

再將冷卻後的法式布丁餡分3次加入奶油糊中，以快速攪勻，即成**慕斯琳**。

◎ 慕斯琳製作完成後接著蓋上保鮮膜，待降溫後再放入冷藏室，質地會更加濃稠；要使用時，需將固態狀的慕斯琳再用攪拌機打發，才有助於塗抹在蛋糕體上。

T I P S

蛋白奶油霜 （參見 DVD 示範）

　　蛋白奶油霜是由**義大利蛋白霜**（Italian meringue）和**鬆發的奶油霜**混合所製成，藉由輕盈蓬鬆的蛋白霜，而使完成後的質地格外滑順細緻，尤其入口即化的特色，更凸顯蛋白奶油霜的最大優點。

作法

基本材料

無鹽奶油　120克
┌ 細砂糖　50克
└ 水　25克
┌ 蛋白　50克
└ 細砂糖　10克

◎ 奶油先軟化

1

無鹽奶油放在容器內，於室溫下回軟備用。

◎ 製作義大利蛋白霜

2

細砂糖50克加水25克，用小火加熱煮成糖水。

3

在煮糖水的同時，即開始打發蛋白，蛋白呈粗泡狀後，將細砂糖一次倒入攪打。

4

繼續攪打成為細緻的蛋白霜即可。

5

作法2的糖水煮至118～120℃的糖漿狀即熄火。

◎ 義大利蛋白霜與奶
　油拌合

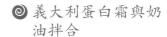

6

稍微搖動鍋子使糖漿溫度平均，再慢慢沖入蛋白霜內，邊倒入邊攪打。

7

持續攪打至蛋白霜完全降溫，呈光滑鬆發狀，即為**義大利蛋白霜**。

8

將義大利蛋白霜分2次倒入軟化的奶油中。

9

繼續用快速攪拌至鬆發狀，即成光滑細緻的**蛋白奶油霜**。

◎ 蛋白奶油霜在使用前，最好再以攪拌機快速打發，質地才更加滑順細緻，也有助於塗抹在蛋糕體上。

◎ 作法3的蛋白打發程度：呈現不會流動的狀態即可。

◎ 事實上，糖漿的分量不多，很難以溫度計感應到正確的溫度，所以建議讀者試著以目測判斷，118～120℃時的特徵：(1) 細砂糖完全融化。(2) 糖漿表面佈滿泡沫。(3) 糖漿滴入水中時，不會立即消失。

◎ 如煮好的糖漿過度濃稠，無法順利倒入蛋白霜內，即表示糖漿煮太久，反之，如果倒入的糖漿過於稀薄，即表示糖漿煮的時間仍嫌不足。

◎ 如煮好的糖漿溫度與118～120℃不會差距太大，通常都能順利製作奶油霜。

◎ 作法8的步驟中，可先將奶油打發再與義大利蛋白霜拌合，當義大利蛋白霜與奶油混合攪拌，如呈現油水分離現象時，只要不停地快速攪拌，慢慢地即會改善成滑順鬆發的質地。

T
I
P
S

 蛋黃奶油霜 （參見 DVD 示範）

蛋黃奶油霜是由**炸彈醬**（pâte à bombe）加上**鬆發的奶油霜**混合所製成，所謂「炸彈醬」意指法式糕點中常用的素材，其作法是將煮沸至118℃的糖漿與蛋黃混合，並攪拌至冷卻成為蛋黃醬汁。與蛋白奶油霜相較下，由蛋黃所製的奶油霜，色澤較深口感較厚實，但相同之處，則是兩者的化口性都極佳。

基本材料

無鹽奶油　120克
┌ 蛋黃　40克
└ 細砂糖　10克
┌ 細砂糖　50克
└ 水　25克

作法

◎ 奶油先軟化　　◎ 蛋黃攪散　　◎ 製作炸彈醬

1

無鹽奶油放在容器內，於室溫下回軟備用。

2

蛋黃與細砂糖10克放入容器內，用打蛋器攪散成蛋黃液備用。

3

細砂糖50克加水25克，用小火加熱煮成糖水。

4

糖水煮至約118～120℃的糖漿狀即熄火。

5 稍微搖動鍋子使糖漿溫度平均，再慢慢沖入蛋黃液內，邊倒入邊攪打。

6 持續攪打至蛋黃液完全降溫，色澤變成濃稠的乳白色，即為**炸彈醬**。

7 將軟化的無鹽奶油慢慢加入攪拌。

8 繼續用快速攪拌至鬆發狀，即成光滑細緻的**蛋黃奶油霜**。

T I P S
◎ 作法4的溫度與p.28的義大利蛋白霜的糖漿溫度相同，請參考蛋白奶油霜的Tips說明。
◎ 要使用時，如蛋黃奶油霜不夠滑順，則需用攪拌機再打發，才有助於塗抹在蛋糕體上。

◎ 鋪料方式

夾心內的配料因鋪排位置的不同，成品切割面會呈現不同的效果，以下的基本方式，可依此類推，利用不同食材鋪排。例如：

整顆水果放在開端：捲後1顆集中在中央。

顆粒放在開端：捲後顆粒集中在中央。

顆粒平均鋪放：捲後顆粒不規則分布。。

顆粒平行排列：捲後顆粒規則分布。

捲 蛋 糕

蛋糕體及夾心餡分別製作完成後，接下來再「捲」為一體，無論怎麼捲，最後都只是形成一個圓柱體，因此捲蛋糕的方法非常單純。

基本的要求 ⎰ a. 厚度適當的夾心餡。
⎱ b. 捲後的成品必須服貼緊密，蛋糕體之間不會出現空隙。

基本的捲法 ⎧ a. 外捲法：將上色的蛋糕表面捲在外層。
⎨ b. 內捲法：將上色的蛋糕表面捲在內層。
⎩ c. 包覆法：將蛋糕兩邊合併成圓柱體。

外捲法······將上色的蛋糕表面捲在外層 （參見DVD示範）

基本條件：蛋糕體的表皮需完整，不能破損。
作法：

◎ 撕掉蛋糕紙······延續蛋糕體出爐後的動作

1 待5分鐘左右，即可在蛋糕體表面蓋上一張大於蛋糕體的蛋糕紙。

2 雙手抓住蛋糕紙兩邊慢慢將蛋糕體翻面。

3 接著撕掉蛋糕紙，此時蛋糕體上色的一面在底部。

◎ 抹夾心餡

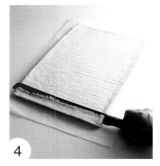

4 將蛋糕體尾端斜切，捲後的封口處才更服貼。

5 蛋糕體開始捲起的一端，稍微切除不規則的邊緣。

6 先在蛋糕體的開端輕輕地橫切2條刀痕（勿切到底），會有助於開始的捲起動作。

7

用橡皮刮刀將奶油霜舖
在蛋糕體上。

8

用抹刀輕輕地將奶油霜
推開抹勻，儘量厚度平
均。

9

蛋糕體尾端斜切處，不
要抹上奶油霜。

◎ 開始捲

10

擀麵棍放在蛋糕紙下方。

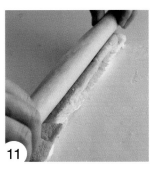

11

將擀麵棍捲在蛋糕紙
內，接著將擀麵棍抬
高，置於蛋糕體上方。

12

雙手邊捲蛋糕紙的同
時，蛋糕體則順勢向前
捲起，即成圓柱體。

◎ 用蛋糕紙固定

13

捲完後用蛋糕紙包住蛋
糕體，用擀麵棍往內輕
推，使蛋糕卷更緊密。

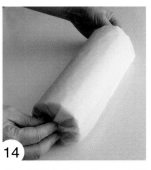

14

將蛋糕卷包住後，兩端
稍微扭緊，冷藏30～60
分鐘，待蛋糕卷定型。

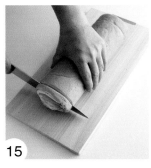

15

將頭尾修除整齊，再切
成適當厚度即可。

◉ 內捲法……將上色的蛋糕表面捲在內層 （參見 DVD 示範）

基本條件：蛋糕體的底部上色不會過深，蛋糕紙撕掉後，色澤一致。

作法：

◎ 撕掉蛋糕紙……延續蛋糕體出爐後的動作

1

待5分鐘左右，即可在蛋糕體表面蓋上一張大於蛋糕體的蛋糕紙。

2

雙手抓住蛋糕紙兩邊慢慢將蛋糕體翻面。

3

接著撕掉蛋糕紙，此時蛋糕體上色的一面在底部。

◎ 再翻面一次

◉ 抹夾心餡

4

接著再蓋上一張蛋糕紙，慢慢將蛋糕體翻面。

5

此時蛋糕體上色的一面又恢復成正面。

6

將蛋糕體尾端斜切，捲後的封口處才更服貼。

7

蛋糕體開始捲起的一端，稍微切除不規則的邊緣；先在蛋糕體的開端輕輕地橫切2道刀痕（勿切到底），會有助於開始的捲起動作。

8

用橡皮刮刀將奶油霜舖在蛋糕體上，用抹刀輕輕地將奶油霜推開抹勻，儘量厚度平均。

9

蛋糕體的尾端斜切處，不需抹上奶油霜。

◎ 開始捲

10 將擀麵棍放在蛋糕紙下方。

11 將擀麵棍捲在蛋糕紙內，接著將擀麵棍抬高，置於蛋糕體上方。

12 雙手邊捲蛋糕紙的同時，蛋糕體則順勢向前捲起，即成圓柱體。

◎ 用蛋糕紙固定

13 捲完後用蛋糕紙包住蛋糕體，用擀麵棍往內輕推，使蛋糕卷更緊密。

14 將蛋糕卷包住後，兩端稍微扭緊，冷藏30～60分鐘，待蛋糕卷定型。

◎ 切片

15 頭尾修除整齊，再切成適當厚度即可。

🌀 包覆法 💿 （參見 DVD 示範）

基本條件：蛋糕體的寬度須適當，不可過寬或過窄。

作法：

◎ 方法一……利用模型

1 長模內先放入塑膠片（或保鮮膜），有助於蛋糕體脫模；將蛋糕體切半後，放入模型內（可依需要將上色一面朝內或朝外）。

2 將鮮奶油（或其他奶油霜）填入模型約1/2或1/3的高度（需抹在蛋糕體邊緣）。

3 填入各式水果或放入奶凍，再將鮮奶油（或其他奶油霜）填至八、九分滿。

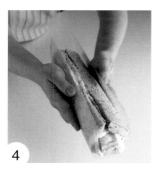

4

餡料填好後，連同塑膠片一起將蛋糕體提起，用雙手將蛋糕體兩側合併。

5

將塑膠片接合處貼上膠帶加以固定，接口朝下放入冰箱冷藏至定型即可。

◎ 作法4餡料填好後，可直接將蛋糕體兩側合併並黏緊，接著放入冷藏室，定型後再從模型內取出蛋糕卷。
◎ 作法中的「長模」是利用作慕斯的模型製作，尺寸：長28×寬8×高6公分。
◎ 製作蛋糕體的烤盤尺寸：長36公分、寬26公分。

TIPS

◎ 方法二……利用塑膠片

1

蛋糕體切半後，放在塑膠片上。

2

在蛋糕表面抹上鮮奶油（或奶油霜）。

3

鋪上各式水果或奶凍。

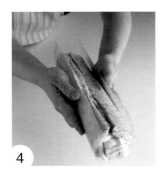

4

連同塑膠片將蛋糕體兩側合併。

5

將塑膠片接合處貼上膠帶加以固定，接口朝下放入冰箱冷藏至定型即可。

◎ 塑膠片是硬質的，能將蛋糕卷定型，也可改用可彎曲的硬紙板製作。
◎ 製作蛋糕體的烤盤尺寸：長36公分、寬26公分。

TIPS

美化蛋糕卷

蛋糕卷製作完成後，還可在外表抹上奶油霜，除具有美化意義外，也增加口感的豐富性，最方便的作法就是將剩餘的夾心奶油霜，直接抹在蛋糕卷上做裝飾；此外，還可進一步在光滑的奶油霜表面，淋上巧克力醬或太妃醬，不但增添亮麗的視覺效果，也讓美味加分。

◎ 抹面

將剩餘的**夾心奶油霜**抹在蛋糕卷表面，簡單的抹面裝飾如下：

平滑狀：將蛋糕紙裁成長約25公分、寬約8公分的大小，放在蛋糕卷前端，將蛋糕卷的弧形面完全覆蓋，再慢慢地將奶油霜抹平。

紋路狀：用抹刀將奶油霜均勻地抹在蛋糕卷表面，再輕輕地來回抹出條紋。

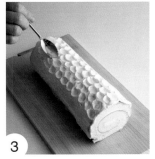

凹凸狀：用抹刀將奶油霜均勻地抹在蛋糕卷表面，再用小湯匙在表面輕輕地壓出凹痕，即成凹凸狀。

立體狀：用抹刀將奶油霜均勻地抹在蛋糕卷表面，再用抹刀輕輕地挑起奶油霜，即成凸起的立體狀。

◎ 除了平滑狀外，其餘的表面裝飾，奶油霜只要塗抹平均即可做造型，不需刻意抹平。

TIPS

◎ 淋面

適合淋在蛋糕卷表面的醬汁，以巧克力醬及太妃醬較常用，但兩者在做淋面動作時，
蛋糕卷表面都須抹好奶油霜，以免粗糙的表皮影響外觀品質。

 巧克力醬 （參見 DVD 示範）

巧克力醬（ganache）是以苦甜巧克力、動物性鮮奶油
（或加鮮奶）所調製成的巧克力製品，廣泛應用在各式西
點中，最常用來做夾心餡料或糕點的淋面裝飾；為了食用
時的好口感，應選用富含可可脂的苦甜巧克力來製作。

基本材料

苦甜巧克力　100克
動物性鮮奶油　100克
鮮奶　50克
無鹽奶油　35克

作法

1
無鹽奶油放在室溫下軟
化備用、苦甜巧克力放
入容器內備用。

2
動物性鮮奶油、鮮奶一起
放入鍋內，以小火加熱至
快要沸騰即熄火。

3
將上述的熱鮮奶油及鮮
奶慢慢沖入巧克力中，
用橡皮刮刀攪拌。

4
巧克力快要攪拌融化時，
趁熱加入已軟化的無鹽奶
油。

5
攪拌均勻成為光滑細緻的
流質狀，即為**巧克力醬**。

◎ 因苦甜巧克力內所含的可可脂的成分多寡，有可能影響巧克力
醬的軟硬度，因此必須適時地以鮮奶油來調整。

◎ 作法4中，如巧克力或奶油無法完全融化時，可再以隔水加熱
方式繼續攪拌至融化。

◎ 除了以上作法外，也可將苦甜巧克力、動物性鮮奶油及鮮奶一
起放入鍋內，以隔水加熱方式，將巧克力慢慢融化；加熱的同
時，必須用橡皮刮刀邊攪拌。

◎ 巧克力醬如果久置變成濃稠狀，可用橡皮刮刀稍微攪拌，如無
法改善，則以隔熱水加熱方式，邊加熱邊攪拌，很快即能恢復
流質狀。

◎ 剩餘的巧克力醬包好後，可冷藏保存約一星期，再使用時，只
要重新隔水加熱即可，如過於濃稠，可額外添加適量的鮮奶
油，以調整濃稠度。

T
I
P
S

 太妃醬 （參見 DVD 示範）

　　所謂「太妃醬」的「太妃」（英文toffee）就是較常稱呼的「焦糖」（法文caramel），當砂糖（或加水）加熱至170～180℃的高溫時，即呈茶褐色的焦糖狀，具獨特的微苦香氣，可用來製成各式糖果及焦糖布丁等產品。當焦糖完成後，再趁熱加入熱鮮奶油（或熱鮮奶），即成不會凝固的軟焦糖，即是**太妃醬**，換句話說，太妃醬也能稱為**焦糖醬**。

基本材料

細砂糖　100克
動物性鮮奶油　125克

作法

◎煮焦糖

1
將單柄鍋稍微加熱後，倒入細砂糖，以小火慢慢加熱。

2
細砂糖加熱過程中，可用木匙（或耐熱橡皮刮刀）適時地從鍋邊慢慢地攪動，使細砂糖受熱均勻，持續加熱後細砂糖漸漸地融化。

3
細砂糖融化後，慢慢呈咖啡色。

4
表面佈滿泡沫並開始冒煙時即熄火，即成**焦糖液**。

◎加入熱鮮奶油

5
動物性鮮奶油以小火加熱至約90℃（無須沸騰，有冒煙即可），慢慢倒入焦糖液中。

6
倒完鮮奶油後，再開始用木匙慢慢攪拌均勻，即成**太妃醬**。

◎ 作法1的單柄鍋先空鍋加熱，有助於細砂糖入鍋後的勻溫效果。
◎ 當細砂糖開始上色時，即可同步將動物性鮮奶油加熱。
◎ 作法6加入熱鮮奶油時不可攪拌，以免滾沸的焦糖液溢出，待全部倒完後，才可用木匙攪拌。
◎ 焦糖溫度高達170℃以上，製作時不可任意用手觸碰，以免燙傷。
◎ 如要快速將太妃醬降溫，可將單柄鍋隔冷水降溫。

TIPS

◎ 淋面方式

要做淋面動作時，須確認：

1. 蛋糕卷上的奶油霜已呈凝固狀。
2. 巧克力醬（或太妃醬）需呈理想的流質狀，並已完全降溫。

工作台上先鋪上保鮮膜（有助於善後處理），在保鮮膜上放一個金屬網架。

再將蛋糕卷放在網架上，即可開始淋面。

◎ 回收方式

淋面動作完成後，滴落在保鮮膜上的巧克力醬（或太妃醬）如無沾染蛋糕碎屑時，即可回收留待下次再使用。

用雙手將保鮮膜捲起。

捲成長條狀後，用手順著保鮮膜將巧克力醬（或太妃醬）擠在容器中，再密封冷藏保存即可。

◎ 蛋糕捲該放在哪兒？

蛋糕卷製作完成，必須立刻放入冷藏室，依不同的蛋糕體質地或奶油霜，定型時間略有不同，通常在30～60分鐘左右應可定型切割；由於夾心餡屬於較易融化的鮮奶油、奶油霜及奶凍類產品，因此蛋糕卷都必須冷藏保存，以確保完美品質。

以無鹽奶油製成的奶油霜，冷藏後即成固態狀，但食用前取出，會因融點低的因素，很快即會恢復軟質的口感。

製作蛋糕體的道具

① **打蛋盆**
應準備1大1小共2個，才能製作分蛋式蛋糕體。

② **打蛋器**
長約16～20公分，方便攪拌液體材料。

③ **耐熱橡皮刮刀**
耐高溫，可直接在熱鍋中攪拌。

④ **網篩**
粗網篩過篩麵粉、細網篩過篩糖粉裝飾用。

⑤ **烤盤**
長約36公分、寬約26公分。

⑥ **防沾烤布**
耐高溫、防沾黏，可重複使用。

⑦ **蛋糕紙**
可墊在烤盤上幫助脫模、捲蛋糕的輔助用。

⑧ **小刮板**
刮麵糊用。

⑨ **電動攪拌機**
打發奶油糊、蛋液或蛋白較方便快速。

製作夾心餡的道具

① **打蛋器**
長約16～20公分，方便攪拌液體材料。

② **打蛋盆**
攪拌麵糊、餡料用。

③ **單柄鍋**
最好選用厚底鍋，食材較不易燒焦。

④ **耐熱橡皮刮刀**
耐高溫，可直接在熱鍋中攪拌。

⑤ **電動攪拌機**
打發奶油糊、蛋液或蛋白較方便快速。

① 瓦斯噴槍
可讓蛋糕卷表面的糖粉，瞬間炙烤上色，在一般的五金店有售。

② 紙製擠花袋
依p.11的作法，可擠製少量麵糊。

③ 擠花袋
可方便擠麵糊用。

④ 擠花嘴
從上依序為：尖齒大花嘴、平口大花嘴、兩個平口小花嘴。

⑤ 小尖刀
可檢視麵糊的熟度。

⑥ 鋸齒刀
方便切割蛋糕體。

⑦ 抹刀
可選用彎形較方便塗抹奶油霜。

⑧ 耐熱橡皮刮刀

⑨ 三角鋸齒刮板
可將奶油霜刮出彎曲紋路。

⑩ 刨皮刀
可刨下檸檬、柳橙及葡萄柚的表皮呈細屑狀。

⑪ 刨絲刀
可刨下檸檬、柳橙及葡萄柚的表皮呈細絲狀。

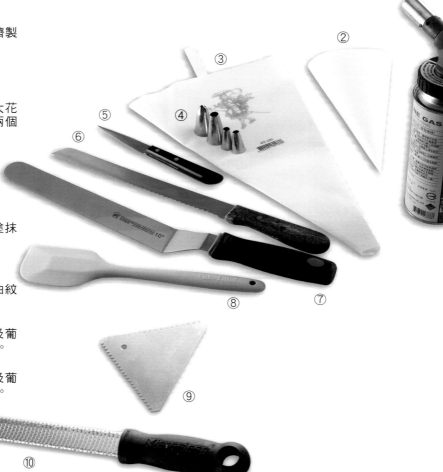

捲蛋糕的道具

① 蛋糕紙
可方便蛋糕脫膜。

② 擀麵棍
捲蛋糕用，長約30公分。

蛋糕體的材料

低筋麵粉　沙拉油　蛋　無鹽奶油　黑糖　蜂蜜　細砂糖

抹茶粉　玉米粉　無糖可可粉　即溶咖啡粉　竹炭粉　紅麴粉　鮮奶　柳橙汁

夾心的餡材料

① 動物性鮮奶油
　　乳脂肪含量約35.1%，香醇、化口性佳。

② 調和性鮮奶油
　　含動物性及少許植物性的調和鮮奶油，
　　穩定性高、口感好。

③ 無鹽奶油
　　化口性佳，製作奶油霜必備油脂。

① 細砂糖
   顆粒細小，較容易融化，
   製作蛋糕體必備。

② 糖粉
   呈白色粉末狀，較容易融
   化，用於簡易奶油霜中。

③ 黑糖
   使用前須先過篩。

④ 楓糖
   具有特殊香氣，可用於蛋
   糕體及奶油霜的製作。

① 糖漬桔皮丁
   桔皮加工品，微甜有淡淡的
   香橙味。

② 葡萄乾
   切碎後可拌入麵粉或奶油霜
   內，以蘭姆酒泡軟再使用風
   味更佳。

③ 蔓越莓乾
   口感微酸微甜，用於蛋糕體
   或夾心內，如顆粒過大，需
   先切碎。

④ 百香果汁
   由新鮮百香果取得。

⑤ 冷凍覆盆子果泥
   為進口產品，不需解凍即可
   使用，非常方便。

⑥ 冷凍芒果果泥
   為進口產品，不需解凍即可
   使用，非常方便。

⑦ 可爾必思
   為市售的乳酸發酵乳飲料。

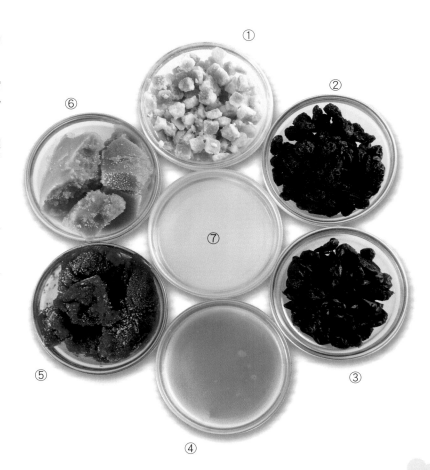

① 松子
② 夏威夷豆
③ 杏仁片
④ 開心果
⑤ 杏仁豆
⑥ 杏仁角
⑦ 核桃
⑧ 黑芝麻粉
⑨ 椰子粉
⑩ 杏仁粉
⑪ 黑芝麻粒

罐頭水蜜桃

南瓜

芋頭

葡萄

罐頭鳳梨片

地瓜

香蕉

檸檬

青蘋果

柳橙

奇異果

① 香橙酒（Grand Marnier）
具香橙風味，酒精含量40%，常用於各式西點的調味用。

② 蘭姆酒（RUM）
酒精濃度40%，以甘蔗為原料所製成的蒸餾酒，常用於各式西點調味。

③ 優格
呈固態狀，在一般超市即可購得。

④ 切達乳酪片（Chaddar cheese）
呈薄片狀，除經常用於三明治夾心外，也適合用於糕點製作。

⑤ 奶油乳酪（cream cheese）
牛奶製成的半發酵乳酪，常用來製作乳酪蛋糕或慕斯，使用前須從冷藏室取出回溫，不可放冷凍保存。

⑥ 椰奶（Coconut Milk）
由椰肉研磨加工而成，常用於糕點中增加風味。

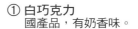

① 白巧克力
國產品，有奶香味。

② 苦甜巧克力
為進口產品，視個人口感，可選含可可脂54～72%均可。

③ 蜜花豆

④ 蜜紅豆

⑤ 紅豆沙

⑥ 花生醬

① 吉利丁片
動物骨膠製成，通常用於慕斯、果凍、奶酪、布丁等冷點，使用前須以冰塊水泡軟，再擠乾水分即可與其他食材混合。

② 香草莢
具豐富香醇的味道，常用於奶製品中增加口感風味，使用前用刀剖開外皮取出內部的小籽，再與奶類混合加熱。

③ 黑糖麻糬及抹茶麻糬
為市售產品，須冷凍保存，不需回溫即可切割使用，口感Q軟，成品冷藏後仍具柔軟度。

④ 即溶咖啡粉
加水或鮮奶調勻後，即可直接使用。

⑤ 紅茶包
調成濃縮液添加在蛋糕體或奶油霜內調味。

⑥ 伯爵茶粉
質地細緻，易釋放香氣。

⑦ 抹茶粉
常用於糕點中，增加風味與色澤。

45

蛋糕卷的組合

製作蛋糕卷有趣之處，就是可以隨心所欲根據自己的口味偏好，做任何改變與創意，因此本書的食譜設計與組合，都僅是提供讀者們參考而已；也就是說想要把「**虎皮蛋糕卷**」的原味戚風蛋糕改成「**可可蛋糕卷**」的可可戚風蛋糕，想要把「**芝麻香蕉蛋糕卷**」與「**酒漬櫻桃蛋糕卷**」的蛋糕體交換一下，想要把「**芒果奶凍卷**」的可可海綿蛋糕改成抹茶分蛋海綿蛋糕，而黑漆漆的「**無花果蛋糕卷**」也想改頭換面恢復本色，甚至「**焦糖核桃蛋糕卷**」內的焦糖核桃也想裹在「**咖啡杏仁蛋糕卷**」裏……只要你想「改變」，你想換個口味，絕對行得通；從以下本書的蛋糕卷索引中，可明顯看出每種產品的**捲法**、**蛋糕體**、到**夾心餡**的組合，因此，可參考變化一番喔！

一、熟悉親和的在地滋味				
蛋糕卷名稱	捲法	蛋糕體	夾心餡	表面裝飾
p.52 原味鮮奶油蛋糕卷	外捲法	分蛋式海綿蛋糕	原味鮮奶油	
p.54 蜜紅豆戚風卷	內捲法	戚風蛋糕＋蜜紅豆	簡易奶油霜	
p.56 芋泥蛋糕卷	內捲法	戚風蛋糕＋熟芋頭絲	芋泥奶油霜	
p.58 地瓜泥蛋糕卷	外捲法	戚風蛋糕＋地瓜泥	地瓜泥奶油霜	地瓜奶油霜抹紋路
p.60 紅豆沙蛋糕卷	內捲法	分蛋式海綿蛋糕＋紅豆沙	紅豆沙奶油霜	
p.62 虎皮蛋糕卷	內捲法	戚風蛋糕	橙汁簡易奶油霜	虎皮
p.64 蘭姆葡萄蛋糕卷	外捲法	分蛋式海綿蛋糕	慕斯琳＋蘭姆酒葡萄乾	蛋黃麵糊
p.66 葡萄乾砂糖蛋糕卷	外捲法	戚風蛋糕＋檸檬皮屑、葡萄乾	蘭姆酒簡易奶油霜	粗砂糖
p.68 黑糖麻糬蛋糕卷	外捲法	分蛋式海綿蛋糕＋黑糖	慕斯琳＋黑糖麻糬	

二、爽口清雅的鮮果滋味

蛋糕卷名稱	捲法	蛋糕體	夾心餡	表面裝飾
p.72 鮮紅草莓蛋糕卷	內捲法	分蛋式海綿蛋糕＋紅麴粉	原味鮮奶油＋新鮮草莓	紅麴大理石紋路
p.74 奇異果蛋糕卷	內捲法	全蛋式海綿蛋糕	原味鮮奶油＋新鮮奇異果	紅色小圓點
p.76 檸檬奶油蛋糕卷	內捲法	戚風蛋糕＋檸檬汁、皮屑	檸檬簡易奶油霜	檸檬簡易奶油霜＋檸檬皮絲
p.78 水蜜桃蛋糕卷	外捲法	指形蛋糕	原味鮮奶油＋罐頭水蜜桃	篩糖粉
p.80 椰香鳳梨蛋糕卷	外捲法	指形蛋糕＋椰子粉	原味鮮奶油＋罐頭鳳梨片	椰子粉
p.82 香橙蛋糕卷	內捲法	分蛋式海綿蛋糕＋柳橙汁	原味鮮奶油＋罐頭橘子瓣	柳橙皮絲
p.84 香草蘋果蛋糕卷	外捲法	戚風蛋糕＋蘋果醋	原味鮮奶油＋香草糖漬蘋果	篩糖粉
p.86 藍莓蛋糕卷	外捲法	全蛋式海綿蛋糕	慕斯琳＋新鮮藍莓	鮮奶油擠花＋新鮮藍莓
p.88 蔓越莓蛋糕卷	內捲法	分蛋式海綿蛋糕＋蔓越莓乾	慕斯琳＋蔓越莓乾、杏仁片	蔓越莓乾
p.90 糖漬桔皮蛋糕卷	內捲法	全蛋式海綿蛋糕＋柳橙汁	橙汁簡易奶油霜	糖漬桔皮丁
p.92 無花果蛋糕卷	內捲法	全蛋式海綿蛋糕＋竹炭粉	原味鮮奶油＋新鮮無花果	鮮奶油抹面
p.94 芝麻香蕉蛋糕卷	外捲法	分蛋式海綿蛋糕＋熟黑芝麻粒	香蕉簡易奶油霜	熟黑芝麻粒
p.96 覆盆子蛋糕卷	外捲法	分蛋式海綿蛋糕＋新鮮覆盆子	覆盆子鮮奶油	新鮮覆盆子
p.98 綜合鮮果蛋糕卷	外捲法	指形蛋糕＋杏仁角	芒果鮮奶油＋新鮮奇異果、草莓、罐頭水蜜桃	杏仁角＋篩糖粉
p.100 切達葡萄乾蛋糕卷	內捲法	分蛋式海綿蛋糕	切達簡易奶油霜＋葡萄乾	
p.102 百香果乳酪蛋糕卷	內捲法	全蛋式海綿蛋糕＋百香果原汁	百香果簡易奶油霜＋奶油乳酪	奶油霜勾凹凸狀＋杏仁角
p.104 紫葡萄乳酸蛋糕卷	內捲法	戚風蛋糕＋柳橙汁	乳酸簡易奶油霜＋無籽葡萄	
p.106 蜂蜜優格蛋糕卷	內捲法	戚風蛋糕＋蜂蜜	優格簡易奶油霜＋原味優格＋檸檬皮屑	

三、回味無窮的果仁滋味

蛋糕卷名稱	捲法	蛋糕體	夾心餡	表面裝飾
p.110 杏仁楓糖蛋糕卷	內捲法	戚風蛋糕＋楓糖漿	楓糖簡易奶油霜	杏仁片
p.112 焦糖核桃蛋糕卷	外捲法	指形蛋糕＋黑糖	橙酒蛋黃奶油霜＋焦糖核桃	
p.114 黑芝麻慕斯琳蛋糕卷	內捲法	分蛋式海綿蛋糕＋熟黑芝麻粒	黑芝麻慕斯琳	
p.116 濃香杏仁蛋糕卷	外捲法	法式杏仁海綿蛋糕	花生醬簡易奶油霜	
p.118 蜂蜜夏威夷果仁蛋糕卷	外捲法	全蛋式海綿蛋糕＋蜂蜜	蜂蜜蛋黃奶油霜＋夏威夷果仁	
p.120 椰奶開心果蛋糕卷	外捲法	指形蛋糕＋椰子粉	椰奶簡易奶油霜＋開心果	
p.122 南瓜黑豆蛋糕卷	內捲法	分蛋式海綿蛋糕＋南瓜泥	慕斯琳＋蜜黑豆	撒糖粉炙烤
p.124 松子黑糖蛋糕卷	外捲法	全蛋式海綿蛋糕＋黑糖＋松子	黑糖簡易奶油霜	
p.126 栗子蛋糕卷	外捲法	全蛋式海綿蛋糕＋柳橙汁	栗子簡易奶油霜	栗子簡易奶油霜＋糖漬栗子
p.128 白芝麻奶油蛋糕卷	內捲法	分蛋式海綿蛋糕	白芝麻蛋白奶油霜	烙印花朵圖案

四、清爽宜人的驚喜滋味

蛋糕卷名稱	捲法	蛋糕體	夾心餡	表面裝飾
p.132 伯爵奶茶蛋糕卷	內捲法	全蛋式海綿蛋糕＋伯爵茶	伯爵茶簡易奶油霜	
p.134 紅茶凍蛋糕卷	內捲法	分蛋式海綿蛋糕＋紅茶	原味鮮奶油＋紅茶凍	
p.136 抹茶蜜豆蛋糕卷	內捲法	全蛋式海綿蛋糕＋抹茶粉	抹茶蛋白奶油霜＋蜜花豆	
p.138 抹茶慕斯琳蛋糕卷	內捲法	分蛋式海綿蛋糕＋抹茶粉	抹茶慕斯琳＋蜜紅豆	抹茶線條
p.140 白巧克力抹茶蛋糕卷	內捲法	法式杏仁海綿蛋糕＋抹茶粉	抹茶簡易奶油霜	抹茶簡易奶油霜＋白巧克力屑
p.142 抹茶豆沙蛋糕卷	內捲法	戚風蛋糕	抹茶蛋黃奶油霜＋紅豆沙	抹茶線條
p.144 抹茶麻糬蛋糕卷	內捲法	分蛋式海綿蛋糕＋抹茶粉	慕斯琳＋抹茶麻糬＋蜜黑豆	抹茶大理石紋路
p.146 白豆沙櫻花蛋糕卷	內捲法	分蛋式海綿蛋糕＋白豆沙	白豆沙慕斯琳	鹽漬櫻花

五、品味再三的濃醇滋味

蛋糕卷名稱	捲法	蛋糕體	夾心餡	表面裝飾
p.150 可可蛋糕卷	外捲法	戚風蛋糕＋無糖可可粉	原味鮮奶油	
p.152 酒漬櫻桃蛋糕卷	內捲法	全蛋式海綿蛋糕＋無糖可可粉	苦甜巧克力鮮奶油＋酒漬櫻桃	小圓圈糖粉
p.154 巧克力香蕉蛋糕捲	外捲法	分蛋式海綿蛋糕＋無糖可可粉	苦甜巧克力鮮奶油＋香蕉	
p.156 可可木材蛋糕卷	內捲法	法式杏仁海綿蛋糕	可可簡易奶油霜	可可彎曲紋路
p.158 可可杏仁蛋糕卷	內捲法	分蛋式海綿蛋糕＋無糖可可粉	可可蛋黃奶油霜＋杏仁豆	交叉線條麵糊
p.160 巧克力太妃蛋糕卷	內捲法	全蛋式海綿蛋糕＋無糖可可粉	太妃奶油霜	太妃奶油霜＋巧克力醬
p.162 歐培拉蛋糕卷	內捲法	法式杏仁海綿蛋糕	咖啡蛋白奶油霜	咖啡蛋白奶油霜＋巧克力醬
p.164 雙色果醬蛋糕捲	內捲法	分蛋式海綿蛋糕＋無糖可可粉	原味鮮奶油＋覆盆子醬	雙色長條麵糊
p.166 咖啡核桃蛋糕卷	外捲法	全蛋式海綿蛋糕＋即溶咖啡粉	咖啡蛋黃奶油霜＋核桃	
p.168 咖啡慕斯琳蛋糕卷	外捲法	分蛋式海綿蛋糕	咖啡慕斯琳	咖啡線條
p.170 咖啡杏仁蛋糕卷	外捲法	法式杏仁海綿蛋糕＋即溶咖啡粉	咖啡簡易奶油霜	
p.172 太妃醬蛋糕卷	內捲法	分蛋式海綿蛋糕＋檸檬皮	橙酒蛋白奶油霜	太妃醬淋面

六、人氣奶凍卷

蛋糕卷名稱	捲法	蛋糕體	夾心餡	表面裝飾
p.176 草莓奶凍卷	包覆法	分蛋式海綿蛋糕	原味鮮奶油＋香草奶凍＋新鮮草莓	
p.178 芒果奶凍卷	包覆法	分蛋式海綿蛋糕	原味鮮奶油＋芒果奶凍	
p.180 芋泥奶凍卷	包覆法	分蛋式海綿蛋糕＋芋頭泥	原味鮮奶油＋芋泥奶凍	
p.182 抹茶奶凍卷	包覆法	分蛋式海綿蛋糕＋竹炭粉	原味鮮奶油＋抹茶奶凍＋蜜紅豆	
p.184 伯爵茶奶凍卷	包覆法	分蛋式海綿蛋糕＋伯爵茶	原味鮮奶油＋伯爵茶奶凍	
p.186 可可奶凍卷	包覆法	分蛋式海綿蛋糕＋無糖可可粉	原味鮮奶油＋可可奶凍	

Part 1
熟悉親和的
在地滋味

蛋糕卷的共同回憶,從熟悉的滋味開始,原味鮮奶油的濃醇、蜜紅豆的香甜、芋泥的綿細以及老少咸宜的葡萄乾等,這些唾手可得的美味,平凡中展現無窮的親和力,讓人百吃不厭。

原味鮮奶油蛋糕卷 外捲法

原味的蛋糕體捲上原味的鮮奶油，形成單純的蛋香與奶香，
樸實的滋味由此延伸，多采多姿的蛋糕卷讓你嚐個夠！

材料

🌀 分蛋式海綿蛋糕
　　無鹽奶油　40克
　　⎡蛋黃　100克（約5個）
　　⎣細砂糖　20克
　　⎡蛋白　160克（約4個）
　　⎣細砂糖　75克
　　低筋麵粉　55克

🌀 夾心餡→打發鮮奶油
　　動物性鮮奶油　180克
　　細砂糖　20克

5
8
6
9
7
10

8. 當蛋白打發至不會流動時，最後再以慢速攪打約1分鐘，即成為細緻的蛋白霜（圖4）。

9. 取約1/3的蛋白霜，加入作法3的蛋黃糊內，用橡皮刮刀輕輕地稍微拌合。

10. 再加入剩餘的蛋白霜，繼續用橡皮刮刀輕輕地從容器底部刮起拌勻（圖5）。

11. 將低筋麵粉分3次篩入蛋糕內，用橡皮刮刀輕輕地將麵粉切入蛋糕內，再從容器底部刮起拌至無顆粒狀，繼續篩入麵粉時，並用同樣方式拌勻（圖6）。

12. 取少部分麵糊倒入作法1的融化奶油內，用橡皮刮刀快速拌勻。

13. 再倒回原來的麵糊內，用橡皮刮刀從容器底部將所有材料刮拌均勻（圖7）。

14. 用橡皮刮刀將麵糊刮入烤盤內，再改用小刮板將表面抹平。

15. 輕敲烤盤稍微震出氣泡後，烤箱預熱後，以上火約190℃、下火約160℃烘烤約12分鐘左右，表面呈金黃色、觸感有彈性即可。

16. 蛋糕出爐後，用手抓著蛋糕紙將蛋糕移至網架上，並撕開四邊蛋糕紙散熱。

17. 待5分鐘左右，即可在表面蓋上一張大於蛋糕體的蛋糕紙（圖8），雙手抓住蛋糕紙兩邊慢慢將蛋糕體翻面，接著撕掉蛋糕紙，此時蛋糕體上色的一面在底部。

◎ 製作夾心餡

1. 依p.25的作法1～3，將動物性鮮奶油打發（圖9）。

2. 打發的動物性鮮奶油可先將整個容器放在冰塊水上冰鎮，以確保鮮奶油的鬆發質地。

◎ 捲蛋糕

1. 依p.31的作法4～9，抹上打發鮮奶油。

2. 依p.32的作法10～13，以外捲法完成，並以蛋糕紙包住整個蛋糕體，冷藏30～60分鐘，待蛋糕卷定型後，頭尾修除整齊即完成（圖10）。

作法

◎ 製作蛋糕體

1. 無鹽奶油隔水加熱至融化備用，加熱時可用小湯匙一邊攪拌（圖1）。

2. 將蛋黃放入容器內，加入細砂糖隔水加熱，邊加熱邊用打蛋器攪拌。

3. 用打蛋器攪至砂糖完全融化，成為細緻的蛋黃糊後，繼續攪至顏色變淡、變稠（圖2）。

4. 將蛋白放入容器內，接著將細砂糖全部倒入。

5. 蛋白開始攪打，漸漸呈現粗泡狀。

6. 持續攪打後，泡沫增多，體積漸漸變大，但仍會流動，不會固定於容器內。

7. 蛋白持續攪打後，會呈現發泡狀態，明顯出現紋路狀（圖3）。

◎ 這道蛋糕卷的材料與作法都是基本款，從蛋糕體到夾心餡以及捲蛋糕的詳細製作過程，請參閱p.18分蛋式海綿蛋糕的作法1～16、p.25打發鮮奶油的作法1～3，以及p.31外捲法的作法1～15。 **T I P S**

蜜紅豆戚風卷

內捲法

顆粒狀的蜜紅豆混入麵糊內製成的蛋糕體，其香甜口感配上奶味十足的夾心，
肯定是熟悉又討好的滋味。

材料

◎ 戚風蛋糕
- 蛋黃　80克（約4個）
- 細砂糖　20克
- 沙拉油　40克
- 鮮奶　40克
- 低筋麵粉　80克
- 蛋白　160克（約4個）
- 細砂糖　80克
- 蜜紅豆　100克

◎ 夾心餡 → 簡易奶油霜
- 無鹽奶油　80克
- 糖粉　20克
- 動物性鮮奶油　50克

作法

◎ 製作蛋糕體

1. 依p.14的作法1～11，將麵糊製作完成。
2. 將蜜紅豆倒入麵糊內（圖1），用橡皮刮刀輕輕地拌勻（圖2）。
3. 用橡皮刮刀將麵糊刮入烤盤內，再改用小刮板將表面抹平。
4. 輕敲烤盤稍微震出氣泡，烤箱預熱後，以上火190℃、下火160℃烘烤約12分鐘，表面呈金黃色、觸感有彈性即可。
5. 蛋糕出爐後，用手抓著蛋糕紙將蛋糕移至網架上，並撕開四邊蛋糕紙散熱（如p.15的作法14）。
6. 依p.33的**撕掉蛋糕紙**作法1～3及**再翻面一次**作法4～5，將蛋糕體上色的一面恢復成正面。

◎ 製作夾心餡

1. 依p.26的作法1～2，將無鹽奶油與糖粉攪打成鬆發的奶油糊。
2. 動物性鮮奶油在室溫下回溫後，再以少量多次方式慢慢加入奶油糊中，繼續攪打均勻，即成**簡易奶油霜**（圖3）。

◎ 捲蛋糕

1. 依p.33的作法6～9，抹上簡易奶油霜（圖4）。
2. 依p.34的作法10～13，以內捲法完成，並以蛋糕紙包住整個蛋糕體，冷藏30～60分鐘，待蛋糕卷定型後，頭尾修除整齊即完成。

◎ 簡易奶油霜的動物性鮮奶油也可改成鮮奶40克，但鮮奶也需回溫，才易與奶油打發。

◎ 冷藏後的蜜紅豆易沾黏，使用前最好用手先撥散。

T
I
P
S

1

2

3

4

材料

⊚ 戚風蛋糕

蛋黃　85克（約4.5個）
細砂糖　25克
沙拉油　45克
鮮奶　45克
低筋麵粉　85克
蛋白　170克（約4.5個）
細砂糖　85克
蒸熟的芋頭絲　50克

⊚ 夾心餡 → 芋泥奶油霜

芋頭泥　250克
糖粉　50克
無鹽奶油　30克
動物性鮮奶油　50克

⊚ 為了方便可同時將需要的芋頭絲及芋頭泥一起入鍋蒸，處理方式：(1) 芋頭削去外皮取約300克切成細短絲，分成250克及50克，分別放在不同的容器內一起入蒸籠。(2) 50克的芋頭絲是入麵糊之用，不需完全蒸熟，蒸約八分的熟度即可（約5分鐘），在烤蛋糕時仍有受熱機會，因此可提前從蒸籠中取出。(3) 250克的芋頭絲則需蒸熟，起鍋後最好趁熱拌入糖粉、奶油較易融合。

⊚ 製作芋泥奶油霜最好使用橡皮刮刀，如使用攪拌機則需以慢速完成，否則速度過快時，芋頭易產生黏性，不利於抹面。

T I P S

作法

⊚ 製作蛋糕體

1. 芋頭泥及芋頭絲分別處理完成備用（圖1）。
2. 依p.14的作法1～11，將麵糊製作完成（圖2）。
3. 將芋頭絲倒入麵糊內，用橡皮刮刀輕輕地拌勻（圖3）。
4. 用橡皮刮刀將麵糊刮入烤盤內，再改用小刮板將表面抹平（圖4）。
5. 輕敲烤盤稍微震出氣泡，烤箱預熱後，以上火190℃、下火160℃烘烤約12分鐘，表面呈金黃色、觸感有彈性即可。
6. 蛋糕出爐後，用手抓著蛋糕紙將蛋糕移至網架上，並撕開四邊蛋糕紙散熱。
7. 依p.33的**撕掉蛋糕紙**作法1～3及**再翻面一次**作法4～5，將蛋糕體上色的一面恢復成正面。

⊚ 製作夾心餡

1. 芋頭泥趁熱加入糖粉及無鹽奶油用橡皮刮刀攪勻（圖5）。
2. 再慢慢加入動物性鮮奶油，用橡皮刮刀攪勻，呈滑順的**芋泥奶油霜**（圖6）。

⊚ 捲蛋糕

1. 依p.33的作法6～9，抹上芋泥奶油霜（圖7）。
2. 依p.34的作法10～13，以內捲法完成（圖8），並以蛋糕紙包住整個蛋糕體，冷藏30～60分鐘，待蛋糕卷定型後，頭尾修除整齊即完成。

 1

 2

 3

 4

芋泥蛋糕卷 內捲法

這才是道地的芋泥本色，不加香精，不加色素，原原本本的真滋味，
正是這款「芋泥蛋糕卷」喲！

5

6

7

8

地瓜泥蛋糕卷  外捲法

香甜綿密的地瓜泥與鬆軟細緻的戚風蛋糕，
口感與風味老少咸宜。

1

2

3

4

材料

🌀 戚風蛋糕

- 蛋黃　60克（約3個）
- 細砂糖　15克
- 沙拉油　30克
- 鮮奶　45克
- 地瓜泥　50克
- 低筋麵粉　65克
- 蛋白　160克（約4個）
- 細砂糖　80克

🌀 夾心餡 → 地瓜泥奶油霜

- 地瓜泥　250克
- 糖粉　50克
- 無鹽奶油　50克
- 動物性鮮奶油　50克

5

6

7

8

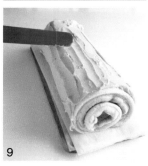

9

作法

◎ 製作蛋糕體

1. 蛋黃加細砂糖用打蛋器攪拌至砂糖融化（圖1）。
2. 沙拉油及鮮奶放在同一容器內，慢慢加入蛋黃糊內，倒入時邊用打蛋器攪拌（圖2）。
3. 加入地瓜泥，繼續用打蛋器將地瓜泥攪散（圖3）。
4. 篩入低筋麵粉，用打蛋器以不規則的方向，輕輕地拌成均勻的麵糊（圖4）。
5. 依p.14的作法5～9，將蛋白打發成細緻的蛋白霜。
6. 依p.15的作法10～11，將蛋白霜與麵糊拌勻。
7. 用橡皮刮刀將麵糊刮入烤盤內，並改用小刮板將表面抹平（如p.15的作法12）。
8. 輕敲烤盤稍微震出氣泡，烤箱預熱後，以上火約190℃、下火約160℃烘烤約12分鐘左右，表面呈金黃色、觸感有彈性即可。
9. 蛋糕出爐後，用手抓著蛋糕紙將蛋糕移至網架上，撕開四邊蛋糕紙散熱。
10. 依p.31的**撕掉蛋糕紙**作法1～3，蛋糕體上色的一面在底部。

◎ 製作夾心餡

1. 無鹽奶油放在室溫下回軟、動物性鮮奶油放在室溫下回溫備用；地瓜泥分別加入無鹽奶油及糖粉，先用橡皮刮刀拌合後，再用攪拌機以慢速攪拌均勻，成為地瓜糊（圖5）。
2. 將動物性鮮奶油以少量多次的方式慢慢加入地瓜糊中（圖6），以快速攪勻，即成**地瓜泥奶油霜**（圖7）。

◎ 捲蛋糕 & 裝飾

1. 依p.31的作法4～9，抹上約2/3分量的地瓜泥奶油霜（圖8）。
2. 依p.32的作法10～13，以外捲法完成，並以蛋糕紙包住整個蛋糕體，冷藏30～60分鐘，待蛋糕卷定型。
3. 將地瓜泥奶油霜抹在蛋糕卷表面，並用抹刀抹出長條痕跡，冷藏30～60分鐘，待蛋糕卷定型後，頭尾修除整齊即完成（圖9）。

◎ 地瓜削去外皮取約200克，切成小塊蒸熟，起鍋後趁熱用叉子壓成泥狀，或裝入塑膠袋內用**擀麵棍**壓成泥狀也可。

T
I
P
S

紅豆沙蛋糕卷 內捲法

蛋糕體與奶油霜都以綿密的紅豆沙為重點，
其細緻香甜的口感結合，
堪稱渾然天成的美妙滋味，
凡是品嚐過的人，無不叫好！

材料

🌀 **分蛋式海綿蛋糕**
  無鹽奶油　35克

　┌ 蛋黃　100克（約5個）
　│ 細砂糖　15克
　│ 紅豆沙　100克
　└ 鮮奶　50克

　┌ 蛋白　160克（約4個）
　└ 細砂糖　75克

　　低筋麵粉　50克

🌀 **夾心餡 → 紅豆沙奶油霜**
  紅豆沙　250克
  無鹽奶油　50克
  鮮奶　50克

1

2

3

4

5

作法

製作蛋糕體

1. 無鹽奶油隔水加熱至融化備用,加熱時可用小湯匙一邊攪拌(圖1)。
2. 依p.18的作法2～3,將蛋黃及細砂糖加熱乳化成濃稠狀(圖2)。
3. 紅豆沙加鮮奶用湯匙攪散(圖3),再倒入作法2的蛋黃糊內,用打蛋器拌勻(圖4)。
4. 依p.18的作法4～8,將蛋白打發成細緻的蛋白霜。
5. 取約1/3的打發蛋白,加入作法3的蛋黃糊內,用橡皮刮刀輕輕地稍微拌合(圖5)。
6. 再加入剩餘的蛋白霜,繼續用橡皮刮刀輕輕地從容器底部刮起拌勻。
7. 將低筋麵粉分3次篩入蛋糊內,用橡皮刮刀輕輕地將麵粉切入蛋糊內,再從容器底部刮起攪勻至無顆粒狀,接著繼續篩入麵粉,並用同樣方式拌勻。
8. 取少部分麵糊倒入作法1的融化奶油內,用橡皮刮刀快速拌勻(圖6)。

9. 再倒回原來的麵糊內,用橡皮刮刀從容器底部將所有材料刮拌均勻(圖7)。
10. 用橡皮刮刀將麵糊刮入烤盤內,再改用小刮板將表面抹平。
11. 輕敲烤盤稍微震出氣泡,烤箱預熱後,以上火約190℃、下火約160℃烘烤約12分鐘左右,表面呈金黃色、觸感有彈性即可。
12. 蛋糕出爐後,用手抓著蛋糕紙將蛋糕移至網架上,撕開四邊蛋糕紙散熱。
13. 依p.33的**撕掉蛋糕紙**作法1～3及**再翻面一次**作法4～5,將蛋糕體上色的一面恢復成正面。

製作夾心餡

1. 無鹽奶油放在室溫下回軟,加入紅豆沙內,用攪拌機以慢速攪勻(圖8)。
2. 鮮奶回溫後以少量多次的方式慢慢加入紅豆沙內,快速攪打均勻即成**紅豆沙奶油霜**(圖9)。

捲蛋糕

1. 依p.33的作法6～9,抹上紅豆沙奶油霜(圖10)。
2. 依p.34的作法10～13,以內捲法完成,並以蛋糕紙包住整個蛋糕體,冷藏30～60分鐘,待蛋糕捲定型後,頭尾修除整齊即完成。

◎ 成品內的紅豆沙含少許的顆粒,或選購純的紅豆沙製作也非常適合。

T I P S

虎皮蛋糕卷

 內捲法 （參見 DVD 示範）

蛋糕體裹著軟嫩的虎皮，虎紋般的外觀與蛋黃特有的香氣，
造就這款傳統蛋糕卷不墜的人氣，兩種組合，雙重口感，
也可試試看改用可可戚風來製作，
想必會有不同的滋味喔！

1

2

3

4

材料

◎ 戚風蛋糕

蛋黃　85克（約4.5個）

細砂糖　25克

沙拉油　45克

鮮奶　45克

低筋麵粉　85克

蛋白　170克（約4.5個）

細砂糖　85克

◎ 虎皮

蛋黃　100克（約5個）

糖粉　45克

玉米粉　25克

◎ 夾心餡 → 橙汁簡易奶油霜

無鹽奶油　80克

糖粉　20克

柳橙汁　45克

◎ 製作虎皮時重點有二：一是蛋黃糊需確實乳化成濃稠狀，二是高溫短時間烘烤，表皮即呈凹凸不平的咖啡色紋路，

◎ 虎皮麵糊在烤盤抹平時，需注意周圍的厚度，應避免過薄，否則高溫受熱時容易烤焦。

◎ 製作奶油霜時，柳橙汁必須在室溫下回溫，才易與奶油糊混合打發，否則溫度過低，易造成油水分離現象。

**T
I
P
S**

作法

◎ **製作蛋糕體**

1. 依p.14的作法1～14，將蛋糕體製作完成（圖1）。

2. 依p.33的**撕掉蛋糕紙**作法1～3及**再翻面一次**作法4～5，將蛋糕體上色的一面恢復成正面。

3. **製作虎皮：**蛋黃加糖粉用打蛋器攪勻（圖2），以隔水加熱方式將蛋黃攪成乳白色的蛋黃糊。

4. 再加入玉米粉用打蛋器攪勻（圖3），接著用橡皮刮刀刮入烤盤內，並用小刮板抹勻（圖4），烤箱預熱後，以上火220、下火190℃烘烤約10分鐘，表面呈淺咖啡色的凹凸紋路狀。

5. 虎皮稍冷卻後，將底部蛋糕紙撕掉，並將頭尾修除整齊備用（圖5）。

◎ **製作夾心餡**

1. 無鹽奶油放在室溫下回軟，加入糖粉用橡皮刮刀拌合後，再用攪拌機打發成光滑細緻的奶油糊。

2. 柳橙汁放在室溫下回溫後，以少量多次方式慢慢加入奶油糊中，繼續快速攪打成光滑細緻狀，即成**橙汁簡易奶油霜**（圖6）。

◎ **捲蛋糕**

1. 依p.33的作法6～9，抹上約2/3分量的橙汁簡易奶油霜（圖7）。

2. 依p.34的作法10～13，以內捲法完成，接著將剩餘的奶油霜抹在虎皮內面。

3. 再將蛋糕卷放在虎皮上，輕輕地將虎皮捲起（圖8），冷藏30～60分鐘，待蛋糕卷定型後，頭尾修除整齊即完成。

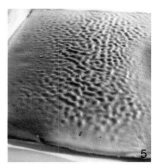

5

6

7

8

材料

◎ 分蛋式海綿蛋糕
無鹽奶油　40克
┌蛋黃　100克（約5個）
└細砂糖　20克
┌蛋白　160克（約4個）
└細砂糖　75克
低筋麵粉　55克

◎ 裝飾 → 蛋黃麵糊
蛋黃　20克
糖粉　5克
低筋麵粉　5克

◎ 夾心餡 → 慕斯琳
無鹽奶油　100克
┌蛋黃　40克
│細砂糖　40克
│低筋麵粉　20克
│鮮奶　200克
└香草莢　1/2根
配料 →
葡萄乾　100克
蘭姆酒　80克

◎ 葡萄乾長時間浸泡在蘭姆酒中，體積變大，香氣十足，口感也更加軟嫩，非常適合與慕斯琳搭配當做夾心餡。

T I P S

作法

◎ 製作蛋糕體

1. **蛋黃麵糊**：蛋黃、糖粉及低筋麵粉放在同一容器中，用湯匙攪拌均勻成蛋黃液（圖1）。
2. 將蛋黃液裝入紙製擠花袋中備用（紙袋製作如p.11）。
3. 依p.18的作法1～13，將蛋糕體的麵糊製作完成，並用橡皮刮刀將麵糊刮入烤盤內，再改用小刮板將麵糊抹平（圖2）。
4. 將烤盤在桌面上輕敲數下，稍微震出氣泡，將作法2的擠花袋尖端處剪一小洞，直接將蛋黃液擠在麵糊表面（圖3），再用竹籤畫出痕跡（圖4）。
5. 送入已預熱的烤箱內，以上火約190℃、下火約160℃烘烤約12分鐘左右，表面呈金黃色、觸感有彈性即可。
6. 蛋糕出爐後，用手抓著蛋糕紙將蛋糕移至網架上，撕開四邊蛋糕紙散熱。
7. 依p.31的**撕掉蛋糕紙**作法1～3，蛋糕體上色的一面在底部。

◎ 製作夾心餡

1. 葡萄乾加蘭姆酒，浸泡至少2小時以上備用。
2. 依p.27的作法1～10，將**慕斯琳**製作完成並冷藏備用（圖5）。

◎ 捲蛋糕

1. 將葡萄乾擠乾備用。
2. 依p.31的作法4～9，抹上慕斯琳，並均勻地鋪上葡萄乾（圖6）。
3. 再用抹刀輕輕地將葡萄乾拍入慕斯琳內（圖7）。
4. 依p.32的作法10～13，以外捲法完成，並以蛋糕紙包住整個蛋糕體，冷藏30～60分鐘，待蛋糕卷定型後，頭尾修除整齊即完成。

1

2

3

4

蘭姆葡萄蛋糕卷 外捲法

用蘭姆酒浸泡多時，葡萄乾飽含酒香，既軟又嫩的口感，
交織在甜蜜的慕斯琳中，散發醉人的滋味。

5

6

7

葡萄乾砂糖 蛋糕卷 外捲法

這款蛋糕卷的戚風蛋糕體，蛋白含量較一般略少，因此組織較紮實，口感也具有咀嚼性，
尤其攙有切碎的葡萄乾，酸甜中帶有奶香味，裹著粗砂糖的外表，
不只是裝飾，也具有不同的口感體驗。

材料

🌀 戚風蛋糕
- 蛋黃　60克（約3個）
- 細砂糖　10克
- 檸檬皮屑　1/2個
- 沙拉油　40克
- 鮮奶　40克
- 低筋麵粉　85克
- 葡萄乾　50克
- 蛋白　120克（約3個）
- 細砂糖　60克

🌀 夾心餡 → 蘭姆酒簡易奶油霜
- 無鹽奶油　80克
- 糖粉　20克
- 鮮奶　45克
- 蘭姆酒　1小匙

🌀 裝飾 → 蛋白糖液
- 蛋白　15克
- 糖粉　15克
- 藍姆酒　1小匙
- 粗砂糖　50克

1

2

作法

◎ 製作蛋糕體

1. 將葡萄乾切碎備用。
2. 蛋黃加入細砂糖用打蛋器攪拌至砂糖融化（圖1）。
3. 刨入檸檬皮屑（圖2），用打蛋器攪拌均勻，沙拉油及鮮奶放在同一容器內，慢慢加入蛋黃糊內，倒入時邊用打蛋器攪拌。
4. 篩入低筋麵粉，用打蛋器以不規則的方向，輕輕地拌成均勻的麵糊。
5. 將葡萄乾拌入麵糊內，用橡皮刮刀拌勻（圖3）。
6. 依p.14的作法5～9，將蛋白打發成細緻的蛋白霜。
7. 取約1/3分量的蛋白霜，加入作法5的麵糊內，用橡皮刮刀輕輕地稍微拌合（圖4），再加入剩餘蛋白霜，從容器底部刮起拌勻。
8. 用橡皮刮刀將將麵糊刮入烤盤內，並改用小刮板將表面抹平。
9. 輕敲烤盤稍微震出氣泡，烤箱預熱後，以上火190℃、下火160℃烘烤約10分鐘，表面呈金黃色、觸感有彈性即可。
10. 蛋糕出爐後，用手抓著蛋糕紙將蛋糕移至網架上，撕開四邊蛋糕紙散熱。
11. 依p.31的**撕掉蛋糕紙**作法1～3，蛋糕體上色的一面在底部。

◎ 製作夾心餡

1. 依p.26的作法1～2製作奶油糊（圖5）。
2. 接著加入蘭姆酒，繼續快速攪打成光滑細緻狀，即成**蘭姆酒簡易奶油霜**（圖6）。

◎ 捲蛋糕&裝飾

1. 將裝飾用的蛋白加入糖粉及蘭姆酒，攪勻成蛋白糖液備用（圖7）。
2. 依p.31的作法4～9，抹上簡易奶油霜（圖8）。
3. 依p.32的作法10～13，以外捲法完成，在蛋糕卷表面均勻地刷上蛋白糖液（圖9）。
4. 粗砂糖鋪在保鮮膜上，再將蛋糕卷放在粗砂糖上來回滾動，均勻地沾裹上粗砂糖，接著送入已預熱的烤箱內，以上火220℃烤約5分鐘（圖10）。
5. 冷藏30～60分鐘，待蛋糕卷定型後，頭尾修除整齊即完成。

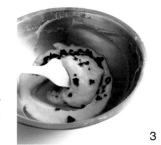

3

7

4

8

5

9

6

10

◎ 麵糊內的葡萄乾儘量切碎，才能與烤後的蛋糕組織緊密結合，也有利於口感滋味。

◎ 蛋白糖液與粗砂糖沾裹完成後，須以高溫短時間再烘烤，才能讓表皮形成薄薄的軟殼感。

◎ 麵糊較一般的蛋糕體稍薄，因此烘烤時間較短。

T
I
P
S

黑糖麻糬蛋糕卷

外捲法

黑糖的焦香味深受眾人喜愛,因此替代一般白砂糖來製作蛋糕體,其蛋白的打發過程與製作效果,
特別具有柔潤度;另外配上黑糖口味的麻糬,內外皆呈現軟Q的口感,
是以往不曾品嚐過的滋味。

1

2

3

4

材料

◎ 分蛋式海綿蛋糕

無鹽奶油　30克

蛋黃　80克（約4個）
黑糖　15克（過篩後）

蛋白　130克（約3.5個）
黑糖　70克（過篩後）

低筋麵粉　45克

◎ 夾心餡 → 慕斯琳

無鹽奶油　100克

蛋黃　40克

細砂糖　40克

低筋麵粉　20克

鮮奶　200克

香草莢　1/2根

配料 → 黑糖麻糬　100克

作法

◎ 製作蛋糕體

1. 無鹽奶油隔水加熱至融化備用，加熱時可用小湯匙一邊攪拌。
2. 將蛋黃放入容器內，加入黑糖隔水加熱，邊加熱邊用打蛋器攪拌（圖1）。
3. 用打蛋器攪散至糖完全融化，呈細緻的蛋黃糊後，繼續攪拌至顏色變淡、變稠（圖2）。
4. 依p.18的作法4～8，將蛋白打發成細緻的蛋白霜（圖3）。
5. 取約1/3分量的蛋白霜，加入作法3的蛋黃糊內，用橡皮刮刀輕輕地稍微拌合。
6. 再加入剩餘的蛋白霜，繼續用橡皮刮刀輕輕地從容器底部刮起拌勻（圖4）。
7. 將低筋麵粉分3次篩入蛋糊內，用橡皮刮刀輕輕地將麵粉切入蛋糊內，再從容器底部刮起拌至無顆粒狀，接著再繼續篩入麵粉，並用同樣方式拌勻。
8. 取少部分麵糊倒入作法1的融化奶油內，用橡皮刮刀快速拌勻。
9. 再倒回原來的麵糊內，用橡皮刮刀從容器底部將所有材料刮拌均勻。
10. 用橡皮刮刀將麵糊刮入烤盤內，再改用小刮板將表面抹平。
11. 輕敲烤盤稍微震出氣泡，烤箱預熱後，以上火約190℃、下火約160℃烘烤約12分鐘左右，至表面上色、觸感有彈性即可。
12. 蛋糕出爐後，用手抓著蛋糕紙將蛋糕移至網架上，撕開四邊蛋糕紙散熱。
13. 依p.31的**撕掉蛋糕紙**作法1～3，蛋糕體上色的一面在底部。

◎ 製作夾心餡

1. 依p.27的作法1～10將**慕斯琳**製作完成並冷藏備用（圖5）。
2. 將黑糖麻糬切成長條狀備用。

◎ 捲蛋糕

1. 依p.31的作法4～9，抹上慕斯琳，並鋪上黑糖麻糬（圖6）。
2. 依p.32的作法10～13，以外捲法完成，並以蛋糕紙包住整個蛋糕體，冷藏30～60分鐘，待蛋糕捲定型後，頭尾修除整齊即完成。

5

6

◎ 黑糖在使用前必須過篩，否則不易融化而影響成品。
◎ 黑糖麻糬也可切成小塊鋪在慕斯琳上，別具風貌。

T
I
P
S

Part 2
爽口清雅的
鮮果滋味

無論是當令的新鮮水果，還是蜜漬後的乾果、天然的香甜果醬等，都能捲入蛋糕體中，善用豐富的水果優點，保證能做出大受歡迎又具變化性的美味蛋糕卷。

鮮紅草莓蛋糕卷 內捲法

 （參見 DVD 示範）

草莓入餡做蛋糕卷，加上香滑濃醇的打發鮮奶油，即便是平凡的滋味，但卻不曾被人遺忘；
而用紅麴粉將蛋糕體染成天然的紅色，加上嬌豔欲滴的新鮮草莓，
從裡到外洋溢著活潑青春的氣息。

草莓
草莓的品種繁多，但國產草莓品質特別好，不但鮮紅多汁，而且氣味芳香，可廣泛應用於各式甜點中。

材料

◎ 分蛋式海綿蛋糕
　無鹽奶油　35克
　┌蛋黃　100克（約5個）
　└細砂糖　25克
　┌蛋白　160克（約4個）
　└細砂糖　75克
　低筋麵粉　55克
　紅麴粉　1小匙

◎ 夾心餡 → 打發鮮奶油
　動物性鮮奶油　180克
　細砂糖　20克

配料 → 新鮮草莓約10顆

作法

◎ 製作蛋糕體

1. 依p.18的作法1～13，將蛋糕體的麵糊製作完成（不含紅麴粉）（圖1）。
2. 取約100克的麵糊加入紅麴粉，用橡皮刮刀輕輕地拌成紅麴麵糊（圖2）。
3. 將紅麴麵糊倒回作法1的麵糊內，用橡皮刮刀稍微攪拌至呈現大理石紋路（圖3）。
4. 用橡皮刮刀將大理石麵糊刮入烤盤內，再改用小刮板將表面抹平（圖4）。
5. 輕敲烤盤稍微震出氣泡，烤箱預熱後，以上火190℃、下火160℃烘烤約12分鐘，表面呈金黃色、觸感有彈性即可。
6. 蛋糕出爐後，用手抓著蛋糕紙將蛋糕移至網架上，撕開四邊蛋糕紙散熱。
7. 待2～3分鐘後即可在表面蓋上一張大於蛋糕體的蛋糕紙，雙手抓住蛋糕紙兩邊慢慢將蛋糕體翻面，最後撕除蛋糕紙（圖5）。
8. 接著再蓋上一張蛋糕紙，慢慢將蛋糕體翻面，此時蛋糕體上色的一面又恢復成正面。

◎ 製作夾心餡

1. 依p.25的作法1～3，將動物性鮮奶油打發（圖6）；打發後可先將整個容器放在冰塊水上冰鎮，以確保鮮奶油的鬆發質地。
2. 新鮮草莓洗淨後，用廚房紙巾擦乾水分備用。

◎ 捲蛋糕

1. 依p.33的作法6～9，抹上打發鮮奶油，再將整顆新鮮草莓鋪成一行（圖7）。
2. 依p.34的作法10～13，以內捲法完成，並以蛋糕紙包住整個蛋糕體，冷藏30～60分鐘，待蛋糕卷定型後，頭尾修除整齊即完成（圖8）。

◎ 新鮮草莓除了整顆鋪排外，也可依照p.30的鋪料方式；草莓質地柔軟易爛，所以勿太早清洗，以免水分溼氣破壞外觀，建議使用前再輕輕地清洗，並用廚房紙巾擦乾，以免影響鮮奶油的口感。

◎ 攪拌大理石紋路時，僅需利用橡皮刮刀將兩種顏色麵糊輕輕地稍微翻動即可，千萬別攪拌過度，以免大理石紋路不明顯。

TIPS

1

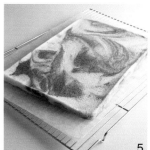

5

2

6

3

7

4

8

材料

◎ 全蛋式海綿蛋糕

┌無鹽奶油　25克
└鮮奶　35克

┌全蛋　200克（約3.5個）
├蛋黃　20克（約1個）
└細砂糖　90克

┌低筋麵粉　80克
└玉米粉　1小匙

紅麴粉　1/4小匙

◎ 夾心餡 → 打發鮮奶油

動物性鮮奶油　180克

細砂糖　20克

配料 → 奇異果2個

作法

◎ **製作蛋糕體**

1. 依p.16的作法1～10，將蛋糕體的麵糊製作完成（不含紅麴粉）（圖1）。

2. 取麵糊約25克放入容器內，加紅麴粉攪拌成紅色麵糊（圖2）。

3. 再將紅色麵糊裝入紙製擠花袋內，並在尖端處剪一小洞，直接在烤盤上輕輕地擠出小圓點（圖3）。

4. 再用橡皮刮刀將作法1的麵糊刮入烤盤內（圖4），再改用小刮板將表面抹平。

5. 輕敲烤盤稍微震出氣泡，烤箱預熱後，以上火190℃、下火160℃烘烤約12分鐘，表面呈金黃色、觸感有彈性即可。

6. 蛋糕出爐後，用手抓著蛋糕紙將蛋糕移至網架上，撕開四邊蛋糕紙散熱。

7. 依p.33的**撕掉蛋糕紙**作法1～3及**再翻面一次**作法4～5，將蛋糕體上色的一面恢復成正面。

◎ **製作夾心餡**

1. 依p.25的作法1～3，將動物性鮮奶油打發（圖5）；打發後的鮮奶油可先將整個容器放在冰塊水上冰鎮，以確保鮮奶油的鬆發質地。

2. 奇異果去皮切成長條備用。

◎ **捲蛋糕**

1. 依p.33的作法6～9，抹上打發鮮奶油，鋪上奇異果（圖6）。

2. 依p.34的作法10～13，以內捲法完成，並以蛋糕紙包住整個蛋糕體，冷藏30～60分鐘，待蛋糕卷定型後，頭尾修除整齊即完成。

1　2　3　4

奇異果蛋糕卷 內捲法

奇異果的軟質屬性，非常適合用於蛋糕卷的餡料，而微酸微甜的口感，
更適時地調節蛋糕的奶香味，試試看！將營養又健康的新鮮奇異果，
再多放一顆，應該更受歡迎吧！

5

6

◎ 除了將奇異果切長條鋪排外，也可依照p.30
的鋪料方式。

◎ 作法3的紙製擠花袋，請看p.11作法1～7。

◎ 作法3在烤盤上擠出的小圓點，烘烤受熱時
小圓點麵糊會擴大，因此紙製擠花袋的洞口
盡量剪小；並注意刮入麵糊時，動作要輕
巧，才能保持小圓點的形狀。

◎ 麵糊上的紅色小圓點，僅是裝飾效果，因此
可隨個人意願製作或改變造型。

T
I
P
S

檸檬奶油蛋糕卷 內捲法

檸檬皮的香氣與檸檬汁的酸味，兩者不同的調味效果，添加在蛋糕卷中，造就清爽的好滋味，
讓人口齒留香；也可換成香橙口味，同樣地，還是不可省略刨皮調味喔！

材料

◎ 戚風蛋糕

- 蛋黃　80克（約4個）
- 細砂糖　20克
- 沙拉油　30克
- 檸檬汁　1大匙
- 冷開水　2大匙
- 檸檬皮屑　1/2個
- 低筋麵粉　65克

- 蛋白　150克（約4個）
- 細砂糖　80克

◎ 夾心餡 → 檸檬簡易奶油霜

- 無鹽奶油　120克
- 糖粉　60克
- 檸檬汁　30克
- 冷開水　30克
- 檸檬皮屑　1/2個

◎ 裝飾 → 檸檬皮絲

◎ 製作檸檬簡易奶油霜的刨檸檬皮屑
方式，如圖2，刨皮時需避免刮到
白色部分，口感才不會苦澀。

◎ 製作檸檬簡易奶油霜時，可依個人
嗜酸的口感偏好，增減檸檬汁與冷
開水的分量。

TIPS

作法

◎ 製作蛋糕體

1. 細砂糖加入蛋黃內，用打蛋器攪拌至砂糖融化（圖1）。
2. 沙拉油慢慢加入蛋黃糊內，倒入時邊用打蛋器攪拌。
3. 檸檬汁與冷開水混合後加入蛋黃糊內繼續拌勻，接著刨入檸檬皮屑（圖2）。
4. 將低筋麵粉全部篩入蛋黃糊內，用打蛋器以不規則的方向，輕輕地拌成均勻的麵糊。
5. 依p.14作法5～9，將蛋白打發成細緻的蛋白霜。
6. 依p.15作法10～11，將蛋白霜與作法4的麵糊混合拌勻。
7. 用橡皮刮刀將作法6的麵糊刮入烤盤內，並改用小刮板將表面抹平。
8. 輕敲烤盤稍微震出氣泡，烤箱預熱後，以上火約190℃、下火約160℃烘烤約12分鐘左右，表面呈金黃色、觸感有彈性即可。
9. 蛋糕出爐後，用手抓著蛋糕紙將蛋糕移至網架上，並撕開四邊蛋糕紙散熱。
10. 依p.33的**撕掉蛋糕紙**作法1～3及**再翻面一次**作法4～5，將蛋糕體上色的一面恢復成正面。

◎ 製作夾心餡

1. 依p.26的作法1～2，將無鹽奶油與糖粉攪打成鬆發的奶油糊（圖3）。
2. 檸檬汁與冷開水混合，以少量多次的方式慢慢加入奶油糊中，繼續快速攪打成光滑細緻狀，再刨入檸檬皮屑攪拌均勻，即成**檸檬簡易奶油霜**（圖4）。

◎ 捲蛋糕&裝飾

1. 依p.33的作法6～9，抹上約2/3分量的奶油霜。
2. 依p.34的作法10～13，以內捲法完成，接著用抹刀將奶油霜抹在蛋糕卷表面（圖5）。
3. 將蛋糕紙裁成長方形（如p.36的平滑狀作法），放在蛋糕卷前端，慢慢地將奶油霜抹平（圖6）。
4. 並以三角鋸齒板刮出彎曲線條（圖7）。
5. 冷藏30～60分鐘，待蛋糕卷定型後，頭尾修除整齊（圖8）。
6. 刨些檸檬皮絲（圖9），撒在蛋糕卷表面裝飾即完成。

材料

◎ 指形蛋糕
- 蛋白　120克（約3個）
- 細砂糖　80克
- 蛋黃　60克（約3個）
- 低筋麵粉　75克

◎ 夾心餡 → 打發鮮奶油
- 動物性鮮奶油　180克
- 細砂糖　20克
- 配料 → 水蜜桃（罐頭）　100克（約2片）

◎ 裝飾 → 糖粉　適量

作法

◎ 製作蛋糕體

1. 依p.22的作法1～3，將蛋糕體的麵糊製作完成（圖1）。

2. 用橡皮刮刀將麵糊刮入烤盤內，並改用小刮板將表面抹平。

3. 烤箱預熱後，以上火190℃、下火160℃烘烤約15分鐘，表面呈金黃色、觸感有彈性即可。

4. 蛋糕出爐後，用手抓著蛋糕紙將蛋糕移至網架上，撕開四邊蛋糕紙散熱（圖2）。

5. 依p.31的**撕掉蛋糕紙**作法1～3，使蛋糕體上色的一面在底部。

◎ 製作夾心餡

1. 依p.25的作法1～3，將動物性鮮奶油打發（圖3）；打發後的鮮奶油可先將整個容器放在冰塊水上冰鎮，以確保鮮奶油的鬆發質地。

2. 水蜜桃瀝乾水分後，每片再切成4小塊備用。

◎ 捲蛋糕&裝飾

1. 依p.31的作法4～9，抹上打發鮮奶油，將水蜜桃鋪排在鮮奶油表面（圖4）。

2. 依p.32的作法10～13，以外捲法完成，並以蛋糕紙包住整個蛋糕體，冷藏30～60分鐘，待蛋糕卷定型後，頭尾修除整齊，並均勻地篩些糖粉裝飾即完成。

◎ 除了將水蜜桃切成4小塊鋪排外，也可依照p.30的鋪料方式。
◎ 如使用新鮮水蜜桃製作，最好選用熟透變軟的水蜜桃風味較好。

T
I
P
S

水蜜桃蛋糕卷 外捲法

指型蛋糕通常會擠製成長條形麵糊，但直接抹平烘烤也非常適合，質地鬆軟富彈性，
與軟滑的鮮奶油及香甜的水蜜桃搭配，具有清爽的好口感。

椰香鳳梨蛋糕卷 外捲法

低熱量的指形蛋糕加上淡淡的椰香及香甜的鳳梨片，是道淡雅清甜的蛋糕卷；
當然化口性極佳的動物性鮮奶油也是絕佳組合喔！

材料

🌀 指形蛋糕

┌ 蛋白　120克（約3個）
│ 細砂糖　80克
└ 蛋黃　60克（約3個）
　低筋麵粉　80克
　椰子粉　10克

🌀 夾心餡 → 打發鮮奶油

動物性鮮奶油　180克
細砂糖　20克
鳳梨片（罐頭）　150克

作法

◎ 製作蛋糕體

1. 依p.22的作法1～3，將蛋糕體的麵糊製作完成（圖1）。
2. 依p.22的作法4～8，擠出平行線條（圖2）。
3. 接著均勻地撒上椰子粉（圖3）。
4. 烤箱預熱後，以上火180℃、下火160℃烘烤約15分鐘，表面呈金黃色、觸感有彈性即可。
5. 蛋糕出爐後，用手抓著蛋糕紙將蛋糕移至網架上，撕開四邊蛋糕紙散熱（圖4）。
6. 依p.31的**撕掉蛋糕紙**作法1～3，使蛋糕體上色的一面在底部。

◎ 製作夾心餡

1. 依p.25的作法1～3，將動物性鮮奶油打發（圖5）；打發後的鮮奶油可先將整個容器放在冰塊水上冰鎮，以確保鮮奶油的鬆發質地。
2. 鳳梨片瀝乾水分後切成小塊備用。

◎ 捲蛋糕

1. 依p.31的作法4～9，抹上打發鮮奶油，將鳳梨片平均地鋪排在鮮奶油表面（圖6）。
2. 依p.32的作法10～13，以外捲法完成，並以蛋糕紙包住整個蛋糕體，冷藏30～60分鐘，待蛋糕卷定型後，頭尾修除整齊即完成。

◎ 除了將鳳梨片切成小塊鋪排外，也可依照p.30的鋪料方式。
◎ 使用新鮮鳳梨製作風味更好，也須將多餘的水分用廚房紙巾吸乾。
◎ 製作蛋糕體作法2的平行麵糊也可如p.78水蜜桃蛋糕卷的方式，直接將麵糊抹平烘烤。

TIPS

4

1

5

2

6

3

香橙蛋糕卷 （內捲法）

將柳橙皮絲附著在蛋糕卷表面，除了增添裝飾效果外，
也能賦予口感的特殊香氣，任何柑橘類的水果都能比照辦理喔！

橘子瓣
即糖水橘子瓣，外形完整，口感軟嫩，
為進口產品，瀝乾水分後，適合用於蛋
糕的夾心。

82

材料

◎ 分蛋式海綿蛋糕
　柳橙皮絲　1/2個
　┌無鹽奶油　20克
　└柳橙汁　20克
　┌蛋黃　100克（約5個）
　└細砂糖　25克
　┌蛋白　160克（約4個）
　└細砂糖　75克
　低筋麵粉　55克

◎ 夾心餡 → 打發鮮奶油
　動物性鮮奶油　180克
　細砂糖　20克
　配料 → 橘子瓣（罐頭）　150克

作法

◎ 製作蛋糕體

1. 用刨絲刀將柳橙皮絲均勻地刨在烤盤上備用（圖1）。
2. 無鹽奶油與柳橙汁放入同一容器內，以隔水加熱方式融化成液體備用，加熱時可用湯匙一邊攪拌。
3. 依p.18的作法2～11，將蛋糕體的麵糊製作完成。
4. 取少部分麵糊倒入作法2的液體內，用橡皮刮刀快速拌勻（圖2）。
5. 再倒回原來的麵糊內，用橡皮刮刀從容器底部將所有材料拌勻。
6. 用橡皮刮刀將麵糊刮入烤盤內，再改用小刮板將表面抹平（圖3）。
7. 輕敲烤盤稍微震出氣泡，烤箱預熱後，以上火約190℃、下火約160℃烘烤約12分鐘左右，表面呈金黃色、觸感有彈性即可。
8. 蛋糕出爐後，用手抓著蛋糕紙將蛋糕移至網架上，並撕開四邊蛋糕紙散熱。
9. 依p.33的**撕掉蛋糕紙**作法1～3及**再翻面一次**作法4～5，將蛋糕體上色的一面恢復成正面。

◎ 製作夾心餡

1. 依p.25作法1～3，將動物性鮮奶油打發（圖4）；打發後的鮮奶油可先將整個容器放在冰塊水上冰鎮，以確保鮮奶油的鬆發質地。
2. 將橘子瓣瀝乾水分，以廚房紙巾擦乾備用。

◎ 捲蛋糕

1. 依p.33的作法6～9，抹上打發鮮奶油，將橘子瓣平行鋪排成4行（圖5）。
2. 依p.34的作法10～13，以內捲法完成，並以蛋糕紙包住整個蛋糕體，冷藏30～60分鐘，待蛋糕捲定型後，頭尾修除整齊即完成。

◎ 利用罐頭的橘子瓣當作餡料非常方便，如以新鮮橘子製作更美味，但使用前必須將橘瓣上的白色筋膜去除，口感較好；無論罐頭或新鮮的橘瓣，都不需切塊，以避免餡料生水。

T
I
P
S

香草蘋果蛋糕卷 外捲法

酸度與硬度較高的青蘋果加上香草莢一同熬煮，將風味與香氣提升，
再配上綿軟的戚風蛋糕，
所有的美好滋味全都融為一體，吃在嘴裡盡是幸福感！

材料

◎ 戚風蛋糕
┌ 蘋果醋　1大匙
│ 冷開水　1大匙
│ 沙拉油　40克
│ 蛋黃　90克（約4.5個）
│ 細砂糖　25克
└ 低筋麵粉　75克
┌ 蛋白　170克
└ 細砂糖　85克

◎ 夾心餡 → 香草糖漬蘋果&打發鮮奶油
┌ 青蘋果　100克（去皮、去籽後）
│ 細砂糖　20克
└ 香草莢　1/3根
┌ 動物性鮮奶油　180克
└ 細砂糖　20克

◎ 裝飾 → 糖粉　適量

蘋果醋
為蘋果汁、蘋果酢、果糖等
製成的濃縮飲料，飲用前必
須加水稀釋；除了直接飲用
外，也適合加入蛋糕體中調
味，增添口感風味。

作法

◎ 製作蛋糕體

1. 蘋果醋加冷開水調勻後,再與沙拉油混合備用(圖1)。
2. 細砂糖加入蛋黃內,用打蛋器攪拌至砂糖融化(圖2)。
3. 再將作法1的混合液體慢慢加入蛋黃糊內,倒入時邊用打蛋器攪拌(圖3)。
4. 將低筋麵粉全部篩入蛋黃糊內,用打蛋器以不規則的方向,輕輕地拌成均勻的麵糊。
5. 依p.14的作法5～9,將蛋白打發成細緻的蛋白霜。
6. 依p.14的作法10～11,將蛋白霜與作法4的麵糊混合拌勻。
7. 用橡皮刮刀將麵糊刮入烤盤內,並改用小刮板將表面抹平。
8. 輕敲烤盤稍微震出氣泡,烤箱預熱後,以上火約190℃、下火約160℃烘烤約12分鐘左右,表面呈金黃色、觸感有彈性即可。
9. 蛋糕出爐後,用手抓著蛋糕紙將蛋糕移至網架上,並撕開四邊蛋糕紙散熱。
10. 依p.31的**撕掉蛋糕紙**作法1～3,使蛋糕體上色的一面在底部。

◎ 製作夾心餡

1. 青蘋果去皮、去籽後切成丁狀,加細砂糖及香草莢,用中火煮至砂糖融化。
2. 繼續用中火加熱至水分收乾即成**香草糖漬蘋果**,將香草莢取出,香草糖漬蘋果取出盛盤備用(圖4)。
3. 依p.25的作法1～3,將動物性鮮奶油打發(圖5);打發後的鮮奶油可先將整個容器放在冰塊水上冰鎮,以確保鮮奶油的鬆發質地。

◎ 捲蛋糕&裝飾

1. 依p.31的作法4～9,抹上打發鮮奶油,再將香草蘋果集中鋪排在鮮奶油表面(圖6)。
2. 依p.32的作法10～13,以外捲法完成,冷藏30～60分鐘,待蛋糕卷定型後,頭尾修除整齊,再將寬約2公分的紙條以約2公分的間距鋪在蛋糕卷上,用細網篩均勻地篩上糖粉裝飾,再將紙條拿掉即完成(圖7)。

◎ 青蘋果質地較硬、酸度較高,適合糖漬加熱,注意火侯不要過小,以免生水;糖漬蘋果使用前需將多餘的水分瀝掉。
◎ 蘋果醋為市售產品,如無法取得,可將蘋果醋及冷開水改以蘋果汁(或其他果汁)30克代替。

T
I
P
S

85

藍莓蛋糕卷 外捲法

香滑的慕斯琳配上粒粒飽滿的藍莓，交織成奶香與果香的迷人滋味，
每一口迸出的鮮甜，讓人回味無窮。

藍莓（Blueberry）
藍紫色的漿果，含膳食纖
維，花青素，維生素A、E、
C等豐富的營養素，軟嫩酸
甜的口感，適合用於製作各
式蛋糕、派、塔、慕斯等西
點。

材料

全蛋式海綿蛋糕
- 無鹽奶油　25克
- 鮮奶　35克
- 全蛋　200克（約3.5個）
- 蛋黃　20克（約1個）
- 細砂糖　90克
- 低筋麵粉　80克
- 玉米粉　1小匙

夾心餡 → 慕斯琳
- 無鹽奶油　100克
- 蛋黃　40克（約2個）
- 細砂糖　40克
- 低筋麵粉　20克
- 鮮奶　200克
- 香草莢　1/2根
- 配料 → 新鮮藍莓　85克

作法

◎ 製作蛋糕體

1. 依p.16的作法1～12，將麵糊製作完成並烘烤完成（圖1）。
2. 蛋糕出爐後，用手抓著蛋糕紙將蛋糕移至網架上，並撕開四邊蛋糕紙散熱（圖2）。
3. 依p.31的**撕掉蛋糕紙**作法1～3，使蛋糕體上色的一面在底部（圖3）。

◎ 製作夾心餡

1. 依p.27的作法1～10，將**慕斯琳**製作完成並冷藏備用（圖4）。
2. 新鮮藍莓洗淨後，用廚房紙巾擦乾水分備用。

◎ 捲蛋糕&裝飾

1. 依p.31的作法4～9，抹上約4/5分量的慕斯琳，將新鮮藍莓平均地鋪排在慕斯琳表面（圖5）。
2. 依p.32的作法10～13，以外捲法完成，並以蛋糕紙包住整個蛋糕體，冷藏30～60分鐘，待蛋糕卷定型，將頭尾修除整齊。
3. 將尖齒花嘴裝入擠花袋內，將擠花袋反摺，再用橡皮刮刀將慕斯琳裝入袋內，接著在蛋糕卷表面以45°角擠出貝殼花（圖6）。
4. 最後放上新鮮藍莓裝飾即完成（圖7）。

1

2

3

4

5

6

7

◎ 慕斯琳冷藏後，易凝固成糰，使用前最好用攪拌機（或打蛋器）再打發，有助於塗抹在蛋糕體上。
◎ 蛋糕卷表面的擠花裝飾，除了作法中的貝殼花外，也可隨個人的喜好或製作的方便性來做變換。
◎ 擠花袋的使用方式，請看p.22的作法4～7。

T I P S

蔓越莓蛋糕卷

內捲法 （參見 DVD 示範）

蔓越莓乾分別應用在蛋糕體與夾心餡中，品嚐時的酸甜滋味讓人回味無窮，
特別以慕斯琳的濃醇與杏仁片的柔和，提升多層次的口感享受。

材料

🌀 分蛋式海綿蛋糕
　蔓越莓乾　25克
　無鹽奶油　45克
　┌蛋黃　100克（約5個）
　└細砂糖　25克
　┌蛋白　160克（約4個）
　└細砂糖　75克
　　低筋麵粉　55克

🌀 夾心餡 → 慕斯琳
　無鹽奶油　100克
　┌蛋黃　40克（約2個）
　│細砂糖　40克
　│低筋麵粉　20克
　│香草莢　1/2根
　└鮮奶　200克
　　配料 →
　　蔓越莓乾　40克
　　杏仁片　40克

3

4

5

6

7

作法

🍥 製作蛋糕體

1. 蔓越莓乾切碎備用（圖1）。
2. 依p.18的作法1～13，將蛋糕體的麵糊製作完成（圖2）。
3. 接著加入切碎的蔓越梅乾，繼續用橡皮刮刀從容器底部輕輕地將所有材料刮拌均勻（圖3）。
4. 用橡皮刮刀將麵糊刮入烤盤內，再改用小刮板將表面抹平。
5. 輕敲烤盤稍微震出氣泡，烤箱預熱後，以上火約190℃、下火約160℃烘烤約12分鐘左右，表面呈金黃色、觸感有彈性即可。
6. 蛋糕出爐後，用手抓著蛋糕紙將蛋糕移至網架上，並撕開四邊蛋糕紙散熱。
7. 依p.33的**撕掉蛋糕紙**作法1～3及**再翻面一次**作法4～5，將蛋糕體上色的一面恢復成正面。

🍥 製作夾心餡

1. 杏仁片先以上、下火160℃烘烤約12分鐘至金黃色，再與蔓越莓乾一起用料理機絞碎（圖4）。
2. 依p.27的作法1～10，將**慕斯琳**製作完成並冷藏備用（圖5）。

🍥 捲蛋糕

1. 依p.33的作法6～9，抹上慕斯琳，並均勻地撒上絞碎的杏仁片與蔓越莓乾，再用抹刀將材料輕輕拍入慕斯琳內（圖6）。
2. 依p.34的作法10～13，以內捲法完成（圖7），並以蛋糕紙包住整個蛋糕體，冷藏30～60分鐘，待蛋糕卷定型後，頭尾修除整齊即完成。

🍥 蛋糕體內的蔓越梅乾儘量切碎，才能與蛋糕體緊密黏合。
🍥 夾心餡內的蔓越莓乾與杏仁片一起用料理機絞碎，較能快速絞細；如無法取得料理機時，則將蔓越莓乾及杏仁片分別切碎。
🍥 慕斯琳冷藏後易凝固成糰，使用前最好用攪拌機（或打蛋器）再打發，有助於塗抹在蛋糕體上。

T
I
P
S

糖漬桔皮蛋糕卷 內捲法

相較於香橙蛋糕卷，兩者同樣是柑橘類產品，
卻因為用料的差異，其風味也就大異其趣囉！

材料

🌀 全蛋式海綿蛋糕
　糖漬桔皮丁　50克
┌無鹽奶油　25克
└柳橙汁　35克
┌全蛋　200克（約3.5個）
├蛋黃　20克（約1個）
└細砂糖　90克
┌低筋麵粉　80克
└玉米粉　1小匙

🌀 夾心餡 → 橙汁簡易奶油霜
　無鹽奶油　80克
　糖粉　20克
　柳橙汁　45克

作法

◎ 製作蛋糕體

1. 糖漬桔皮丁均勻地鋪在烤盤上備用（圖1）。
2. 無鹽奶油與柳橙汁放入同一容器內，以隔水加熱方式將奶油融化成液體（圖2），加熱時可用小湯匙一邊攪拌。
3. 依p.16的作法2～10，將蛋糕體的麵糊製作完成。
4. 用橡皮刮刀將麵糊刮入烤盤內，再改用小刮板將表面抹平（圖3）。
5. 輕敲烤盤稍微震出氣泡，烤箱預熱後，以上火約190℃、下火約160℃烘烤約12分鐘左右，表面呈金黃色、觸感有彈性即可。
6. 蛋糕出爐後，用手抓著蛋糕紙將蛋糕移至網架上，並撕開四邊蛋糕紙散熱。
7. 依p.33的**撕掉蛋糕紙**作法1～3及**再翻面一次**作法4～5，將蛋糕體上色的一面恢復成正面。

◎ 製作夾心餡

1. 依p.26的作法1～2，將無鹽奶油與糖粉攪打成鬆發的奶油糊（圖4）。
2. 柳橙汁放在室溫下回溫後，以少量多次的方式慢慢加入奶油糊中，繼續快速攪打成光滑細緻狀，即成**橙汁簡易奶油霜**（圖5）。

◎ 捲蛋糕

1. 依p.33的作法6～9，抹上橙汁簡易奶油霜。
2. 依p.34的作法10～13，以內捲法完成，並以蛋糕紙包住整個蛋糕體，冷藏30～60分鐘，待蛋糕卷定型後，頭尾修除整齊即完成。

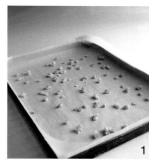

◎ 材料中的柳橙汁是以新鮮柳橙榨汁取得，也可利用市售的柳橙汁製作。
◎ 製作奶油霜時，柳橙汁必須先在室溫下回溫，才易與奶油糊混合打發，否則溫度過低，易造成油水分離現象。

TIPS

無花果蛋糕卷 內捲法

將整顆無花果直接捲入蛋糕體中，其圓滾滾的切割面與入口後的甜美滋味，增添視覺與味覺的特殊體驗，值得一試喲！

無花果

無花果除了新鮮食用外，也加工製成乾果及果醬等，非常適合用於各式西點；無花果含有較高的果糖、果酸、蛋白質、維生素等營養成分，品種繁多，目前國內有栽培生產。

材料

◎ 全蛋式海綿蛋糕
- 無鹽奶油　25克
- 鮮奶　35克
- 全蛋　200克（約3.5個）
- 蛋黃　40克（約2個）
- 細砂糖　90克
- 低筋麵粉　75克
- 竹炭粉　2小匙

◎ 夾心餡 → 打發鮮奶油
動物性鮮奶油　220克
細砂糖　25克

配料 → 新鮮無花果　6顆

1

2

3

4

作法

◎ 製作蛋糕體

1. 無鹽奶油與鮮奶放在同一容器內，以隔水加熱方式將奶油融化成液體備用，加熱時可用小湯匙邊攪拌（圖1）。
2. 依p.16的作法2～6，將全蛋、蛋黃及細砂糖攪拌成濃稠的乳白色蛋糊（圖2）。
3. 低筋麵粉及竹炭粉一起用細網篩過篩2次，分3次倒入蛋糊內，用橡皮刮刀輕輕地將麵粉切入蛋糊內，再從容器底部刮起，攪拌至無顆粒狀（圖3），繼續篩入時，並用同樣方式將全部粉料拌勻成均勻麵糊狀。
4. 取少部分麵糊倒入作法1的液體內，用橡皮刮刀快速拌勻（圖4）。
5. 再倒回作法3的麵糊內，用橡皮刮刀從容器底部將所有材料刮拌均勻。
6. 用橡皮刮刀將麵糊刮入烤盤內，再改用小刮板將表面抹平（圖5）。
7. 輕敲烤盤稍微震出氣泡，烤箱預熱後，以上火190℃、下火160℃烘烤約12分鐘，表面上色、觸感有彈性即可。
8. 蛋糕出爐後，用手抓著蛋糕紙將蛋糕移至網架上，並撕開四邊蛋糕紙散熱。
9. 依p.33的**撕掉蛋糕紙**作法1～3及**再翻面一次**作法4～5，將蛋糕體上色的一面恢復成正面。

◎ 製作夾心餡

1. 依p.25的作法1～3，將動物性鮮奶油打發（圖6）；打發後的鮮奶油可先將整個容器放在冰塊水上冰鎮，以確保鮮奶油的鬆發質地。
2. 將新鮮無花果洗淨去蒂備用。

◎ 捲蛋糕&裝飾

1. 依p.33的作法6～9，抹上約2/3分量的打發鮮奶油，再鋪上整顆的新鮮無花果（圖7）。
2. 依p.34作法10～13，以內捲法完成（圖8），並以蛋糕紙包住整個蛋糕體，冷藏30～60分鐘，待蛋糕卷定型。
3. 將剩餘鮮奶油抹在蛋糕表面，再將蛋糕紙裁成長方形（如p.36的平滑狀作法），放在蛋糕卷前端，慢慢地將鮮奶油抹平（圖9），再將頭尾修除整齊即完成。

◎ 應選用較軟的無花果，口感才會甜美多汁；軟嫩的質地最好不要切割成塊，以避免餡料生水。

5

6

7

8

9

芝麻香蕉 蛋糕卷 外捲法

香蕉特有的軟滑香甜，與打發的奶油霜調和，堪稱最匹配的組合，
再加上綿軟的蛋糕體，果真是老少咸宜的好滋味。

材料

◎ 分蛋式海綿蛋糕
　　無鹽奶油　40克
　　┌蛋黃　100克（約5個）
　　└細砂糖　20克
　　┌蛋白　160克（約4個）
　　└細砂糖　75克
　　低筋麵粉　55克
　　熟黑芝麻粒　1小匙

◎ 夾心餡 → 香蕉簡易奶油霜
　　香蕉　1根
　　┌無鹽奶油　70克
　　│糖粉　25克
　　└鮮奶　35克

作法

◎ 製作蛋糕體

1. 依p.18的作法1～13，將蛋糕體的麵糊製作完成（圖1）。
2. 用橡皮刮刀將麵糊刮入烤盤內，再改用小刮板將表面抹平（圖2）。
3. 輕敲烤盤稍微震出氣泡後，再將熟黑芝麻粒均勻地撒在麵糊表面（圖3）。
4. 烤箱預熱後，以上火190℃、下火160℃烘烤約12分鐘，表面呈金黃色、觸感有彈性即可。
5. 蛋糕出爐後，用手抓著蛋糕紙將蛋糕移至網架上，並撕開四邊蛋糕紙散熱。
6. 依p.31的**撕掉蛋糕紙**作法1～3，使蛋糕體上色的一面在底部。

◎ 製作夾心餡

1. 將熟透的香蕉放在塑膠袋內用擀麵棍擀成泥狀備用（圖4）。
2. 依p.26的作法1～3，將簡易奶油霜製作完成（圖5）。
3. 再將香蕉泥倒入奶油霜中，繼續快速攪打成光滑細緻狀，即成**香蕉簡易奶油霜**（圖6）。

◎ 捲蛋糕

1. 依p.31的作法4～9，抹上香蕉簡易奶油霜（圖7）。
2. 依p.32的作法10～13，以外捲法完成，並以蛋糕紙包住整個蛋糕體，冷藏30～60分鐘，待蛋糕卷定型後，頭尾修除整齊即完成（圖8）。

◎ 選用熟透的香蕉較易壓成泥狀，同時也能與奶油霜攪拌均勻。

T
I
P
S

材料

◎ 分蛋式海綿蛋糕
　　無鹽奶油　35克
　　┌ 蛋黃　80克（約4個）
　　└ 細砂糖　20克
　　┌ 蛋白　120克（約3個）
　　└ 細砂糖　60克
　　┌ 低筋麵粉　40克
　　└ 玉米粉　2小匙
　　新鮮覆盆子　65克

◎ 夾心餡 → 覆盆子鮮奶油
　　動物性鮮奶油　180克
　　細砂糖　20克
　　冷凍覆盆子果泥　75克

◎ 裝飾 → 糖粉　適量

作法

◎ **製作蛋糕體**

1. 依p.18的作法1～13，將蛋糕體的麵糊製作完成（圖1）。
2. 用橡皮刮刀將麵糊刮入烤盤內，再改用小刮板將表面抹平。
3. 輕敲烤盤稍微震出氣泡後，再將新鮮覆盆子均勻地鋪在麵糊表面（圖2）。
4. 烤箱預熱後，以上火190℃、下火160℃烘烤約12分鐘，表面呈金黃色、觸感有彈性即可。
5. 蛋糕出爐後，用手抓著蛋糕紙將蛋糕移至網架上，並撕開四邊蛋糕紙散熱（圖3）。
6. 依p.31的**撕掉蛋糕紙**作法1～3，使蛋糕體上色的一面在底部。

◎ **製作夾心餡**

1. 動物性鮮奶油由慢而快開始攪打，呈濃稠狀時即將細砂糖一次加入，攪打至會流動的濃稠狀，即加入冷凍覆盆子果泥（圖4）。
2. 繼續快速攪打至不會流動的濃稠狀，即成**覆盆子鮮奶油**。
3. 打發後的鮮奶油可先將整個容器放在冰塊水上冰鎮，以確保鮮奶油的鬆發質地。

◎ **捲蛋＆裝飾**

1. 依p.31的作法4～9，抹上覆盆子鮮奶油。
2. 依p.32的作法10～13，以外捲法完成（圖5），並以蛋糕紙包住整個蛋糕體，冷藏30～60分鐘，待蛋糕卷定型後，用細網篩均勻地篩上糖粉裝飾，頭尾修除整齊即完成。

◎ 蛋糕體表面的新鮮覆盆子，也可改用冷凍覆盆子，使用前不需提前退冰，即可直接鋪在麵糊表面；覆盆子在大型超市較有販售，如無法取得，可利用其他的莓類代替，例如：草莓、藍莓、蔓越莓等。

T
I
P
S

覆盆子 蛋糕卷 外捲法

用冷凍覆盆子果泥與打發鮮奶油拌合調味，呈現天然的粉紅色並增添清爽的口感，
而蛋糕體表面嵌入了新鮮覆盆子，肯定該以外捲方式呈現；以此類推，
也可改換其他口味的新鮮水果來製作。

覆盆子（Raspberry）
別名覆盆莓、樹梅、野
莓、木莓……等，是一種
紅色漿果，果實中空，帶
有酸甜味，適用於甜點製
作；圖左下是新鮮覆盆
子，圖右上是冷凍覆盆
子，均為進口產品。

綜合鮮果蛋糕卷 外捲法 （參見 DVD 示範）

以綜合水果捲入指形蛋糕中，加上芒果口味的打發鮮奶油，
充滿爽口的果香氣息，吃再多也不會膩喔！

材料

指形蛋糕

- 蛋白　120克（約3個）
- 細砂糖　80克
- 蛋黃　60克（約3個）
- 低筋麵粉　80克
- 杏仁角　50克
- 糖粉　適量

夾心餡 → 芒果鮮奶油

動物性鮮奶油　180克
細砂糖　20克
冷凍芒果果泥　75克
配料 →
奇異果　1個
水蜜桃　2瓣
草莓　5～6顆

裝飾 → 糖粉　適量

作法

◎ **製作蛋糕體**

1. 依p.22作法1～3，將蛋糕體的麵糊製作完成（圖1）。
2. 依p.22作法4～8，在烤盤上擠出平行線條（圖2）。
3. 接著在麵糊表面撒上均勻的杏仁角，並篩些均勻的糖粉（圖3）。
4. 烤箱預熱後，以上火190℃、下火160℃烘烤約15分鐘，表面呈金黃色、觸感有彈性即可。
5. 蛋糕出爐後，用手抓著蛋糕紙將蛋糕移至網架上，並撕開四邊蛋糕紙散熱。
6. 依p.31的**撕掉蛋糕紙**作法1～3，使蛋糕體上色的一面在底部。

◎ **製作夾心餡**

1. 動物性鮮奶油由慢而快開始攪打，呈濃稠狀時即將細砂糖一次加入，攪打至會流動的濃稠狀，即加入冷凍芒果果泥（圖4）。
2. 繼續快速攪打至不會流動的濃稠狀，即成**芒果鮮奶油**（圖5）。
3. 打發後的鮮奶油可先將整個容器放在冰塊水上冰鎮，以確保鮮奶油的鬆發質地。
4. 將奇異果、水蜜桃以及草莓分別切成小塊備用。

◎ **捲蛋糕&裝飾**

1. 依p.31的作法4～9，抹上芒果鮮奶油，再均勻地鋪上各式水果，並用抹刀將水果粒拍入鮮奶油內（圖6）。
2. 依p.32的作法10～13，以外捲法完成，並以蛋糕紙包住整個蛋糕體，冷藏30～60分鐘，待蛋糕卷定型後，用細網篩均勻地篩上糖粉裝飾，頭尾修除整齊即完成。

1

4

2

5

3

6

◎ 撒在麵糊表面的杏仁角，也可改用杏仁片或杏仁豆，或替換成其他堅果，如核桃、腰果、夏威夷豆、榛果等，使用前都需切碎，不需烤熟即可直接撒在麵糊表面。

◎ 夾心餡內的各式水果，可改用任何其他的軟質水果，如芒果、鳳梨、哈密瓜及葡萄等。

◎ 打發鮮奶油中調味用的冷凍芒果果泥，也可改用個人喜歡的其他口味，使用前都不需退冰，即可與濃稠的鮮奶油一起打發。

◎ 製作蛋糕體作法2的平行麵糊也可如p.78水蜜桃蛋糕卷的方式，直接將麵糊抹平烘烤。

T I P S

切達葡萄乾蛋糕卷 內捲法

這款蛋糕體蛋黃量特別多，因此烤後的成品也格外香濃，組織也較紮實；
尤其奶油霜中所添加的切達乳酪更突顯濃郁的奶香，
而葡萄乾所迸出的酸甜滋味，更讓口感加分。

材料

🌀 **分蛋式海綿蛋糕**

無鹽奶油　40克

┌ 蛋黃　150克（約7.5個）
└ 細砂糖　50克

┌ 蛋白　100克（約2.5個）
└ 細砂糖　50克

低筋麵粉　60克

🌀 **夾心餡 → 切達簡易奶油霜**

無鹽奶油　100克

鮮奶　100克

細砂糖　50克

香草莢　1/2根

切達乳酪片　2片

葡萄乾　50克

作法

◎ 製作蛋糕體

1. 依p.18的作法1～15，將蛋糕體製作完成。
2. 蛋糕出爐後，用手抓著蛋糕紙將蛋糕移至網架上（圖1），並撕開四邊蛋糕紙散熱。
3. 依p.33的**撕掉蛋糕紙**作法1～3及**再翻面一次**作法4～5，將蛋糕體上色的一面恢復成正面。

◎ 製作夾心餡

1. 無鹽奶油放在容器內，於室溫下軟化備用。
2. 將鮮奶、細砂糖及香草莢一起放入鍋內，接著將切達乳酪片用手撕成小塊，加入鍋中（圖2）。
3. 小火加熱，邊加熱邊攪拌至乳酪融化成液體即可（圖3）。
4. 將作法3的融化乳酪液隔冰塊水降溫，並取出香草莢。
5. 再以少量多次方式慢慢加入作法1的軟化奶油中（圖4），繼續快速攪打成光滑細緻狀，即成**切達簡易奶油霜**。
6. 加入葡萄乾，用橡皮刮刀拌勻即可（圖5）。

◎ 捲蛋糕

1. 依p.33的作法6～9，抹上切達簡易奶油霜（圖6）。
2. 依p.34的作法10～13方式，以內捲法完成，並以蛋糕紙包住整個蛋糕體，冷藏30～60分鐘，待蛋糕卷定型後，頭尾修除整齊即完成。

◎ 香草莢的使用方式，請參閱p.27作法5。
◎ 切達乳酪撕成小塊，與鮮奶加熱後很容易融化。
◎ 製作夾心餡的作法4，在隔冰塊水降溫時，只要冷卻即可，應避免溫度過低，否則不易與奶油混合打發。

T
I
P
S

百香果乳酪蛋糕卷 內捲法

蛋糕體與夾心餡都添加百香果原汁，無論風味還是外觀的色澤，都充滿天然清新的好感，
奶油霜並以乳酪調和出柔順的滋味，果香、乳香交織成耐人尋味的水果風味蛋糕卷。

材料

🍥 全蛋式海綿蛋糕
- 無鹽奶油　35克
- 百香果原汁　35克
- 全蛋　200克（約3.5個）
- 蛋黃　20克（約1個）
- 細砂糖　90克
- 低筋麵粉　80克
- 玉米粉　1小匙

🍥 夾心餡 → 百香果簡易奶油霜
無鹽奶油　120克
奶油乳酪（cream cheese）　50克
糖粉　30克
百香果原汁　40克

🍥 配料 →
杏仁角　30克

🍥 材料中的百香果原汁是取自於新鮮的百香果。

🍥 沾黏在蛋糕卷兩側的杏仁角，使用前需以上、下火約150℃烘烤約10分鐘，也可改用其他碎堅果，但都需烤熟再使用。

TIPS

作法

◎ 製作蛋糕體

1. 無鹽奶油與百香果原汁放入同一容器內，隔水加熱將奶油融化備用，加熱時可用小湯匙一邊攪拌（圖1）。
2. 依p.16的作法2～8，將蛋糕體的麵糊製作完成。
3. 取少部分麵糊倒入作法1的液體內，用橡皮刮刀快速拌勻（圖2）。
4. 再倒回作法2的麵糊內，用橡皮刮刀從容器底部將所有材料刮拌均勻。
5. 用橡皮刮刀將麵糊刮入烤盤內，並改用小刮板將表面抹平。
6. 輕敲烤盤稍微震出氣泡，烤箱預熱後，以上火約190℃、下火約160℃烘烤約12分鐘左右，表面呈金黃色、觸感有彈性即可。
7. 蛋糕出爐後，用手抓著蛋糕紙將蛋糕移至網架上，撕開四邊蛋糕紙散熱。
8. 依p.33的**撕掉蛋糕紙**作法1～3及**再翻面一次**作法4～5，將蛋糕體上色的一面恢復成正面。

◎ 製作夾心餡

1. 無鹽奶油及奶油乳酪放入同一容器內，在室溫下回軟後，加入糖粉先用橡皮刮刀拌合（圖3），再用攪拌機攪打成鬆發的奶油糊。
2. 將百香果原汁以少量多次的方式慢慢加入奶油糊中，繼續快速攪打成光滑細緻狀，即成**百香果簡易奶油霜**（圖4）。

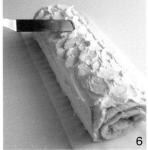

◎ 捲蛋糕＆裝飾

1. 依p.33的作法6～9，抹上約2/3分量的百香果簡易奶油霜（圖5）。
2. 依p.34的作法10～13，以內捲法完成，接著將剩餘的奶油霜抹在蛋糕卷表面，並用小抹刀（或小湯匙）將奶油霜勾出凹凸狀（圖6）。
3. 將杏仁角沾黏在蛋糕卷兩側，冷藏30～60分鐘，待蛋糕卷定型後，將頭尾修除整齊即完成（圖7）。

材料

◎ 戚風蛋糕

蛋黃　80克（約4個）
細砂糖　20克
沙拉油　30克
柳橙汁　50克
低筋麵粉　80克

蛋白　150克
細砂糖　80克

◎ 夾心餡 → 乳酸簡易奶油霜

無鹽奶油　80克
糖粉　30克
可爾必思　50克
配料 → 無籽葡萄　100克

作法

◎ **製作蛋糕體**

1. 細砂糖加入蛋黃內，用打蛋器攪拌至砂糖融化（圖1）。
2. 沙拉油及柳橙汁放在同一容器內，慢慢加入蛋黃糊內，倒入時邊用打蛋器攪拌（圖2）。
3. 將低筋麵粉全部篩入蛋黃糊內，用打蛋器以不規則的方向，輕輕地拌成均勻的麵糊。
4. 依p.14的作法5～9，將蛋白打發成細緻的蛋白霜（圖3）。
5. 依p.15的作法10～11，將打發的蛋白霜與麵糊拌勻。
6. 用橡皮刮刀將麵糊刮入烤盤內，並改用小刮板將表面抹平。
7. 輕敲烤盤稍微震出氣泡，烤箱預熱後，以上火約190℃、下火約160℃烘烤約12分鐘左右，表面呈金黃色、觸感有彈性即可。
8. 蛋糕出爐後，用手抓著蛋糕紙將蛋糕移至網架上，並撕開四邊蛋糕紙散熱。
9. 依p.33的**撕掉蛋糕紙**作法1～3及**再翻面一次**作法4～5，將蛋糕體上色的一面恢復成正面。

◎ **製作夾心餡**

1. 無鹽奶油放在室溫下回軟，加入糖粉用橡皮刮刀拌合後，再用攪拌機打發成光滑細緻的奶油糊（圖4）。
2. 將可爾必思放在室溫下回溫，再以少量多次方式慢慢加入奶油糊中，繼續快速攪打成光滑細緻狀，即成**乳酸簡易奶油霜**（圖5）。

◎ **捲蛋糕**

1. 依p.33的作法6～9，抹上乳酸簡易奶油霜，並鋪上無籽葡萄（圖6）。
2. 依p.34的作法10～13，以內捲法完成，並以蛋糕紙包住整個蛋糕體，冷藏30～60分鐘，待蛋糕卷定型後，頭尾修除整齊即完成。

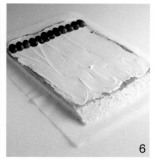

紫葡萄乳酸蛋糕卷 內捲法

進口的大顆無籽葡萄，質地較硬，口感香甜，當作蛋糕卷餡料非常適合，再加上微微乳酸味的奶油霜，是個絕配組合。

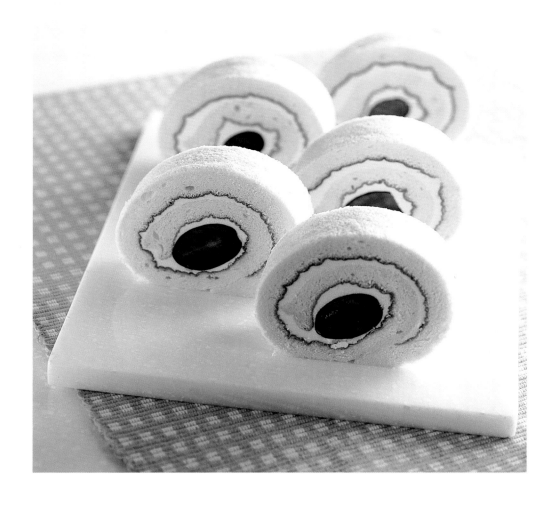

◎ 可爾必思為市售的乳酸醱酵乳飲料，飲用前需加水稀釋；製作奶油霜時，可爾必思必須先在室溫下回溫，才易與奶油糊混合打發，否則溫度過低易造成油水分離現象。

◎ 無籽葡萄儘量選用大一點的，不需去皮切塊。

TIPS

蜂蜜優格蛋糕卷 內捲法

蛋糕中散發熟悉的蜂蜜香，再以清爽的優格奶油霜增添多層次的口感風味，
而其中的檸檬皮屑，更發揮無比的調味效果喔！

1

2

3

材料

◎ 戚風蛋糕

┌ 蛋黃　80克
│ 細砂糖　10克
│ 沙拉油　30克
│ 蜂蜜　40克
└ 低筋麵粉　70克

┌ 蛋白　150克
└ 細砂糖　75克

◎ 夾心餡 → 優格簡易奶油霜

┌ 無鹽奶油　80克
│ 糖粉　20克
└ 鮮奶　15克
　原味優格　100克
　檸檬皮屑　1/2個

作法

◎ 製作蛋糕體

1. 沙拉油及蜂蜜放入同一容器內，隔水加熱至蜂蜜呈流動狀，加熱時可用小湯匙一邊攪拌（圖1）。
2. 細砂糖加入蛋黃內，用打蛋器攪拌至砂糖融化（圖2）。
3. 再慢慢加入作法1的液體材料，倒入時邊用打蛋器攪拌（圖3）。
4. 將低筋麵粉全部篩入蛋黃糊內，用打蛋器以不規則方向，輕拌成均勻麵糊（圖4）。
5. 依p.14的作法5～9，將蛋白打發成細緻的蛋白霜（圖5）。
6. 取約1/3分量的蛋白霜，加入作法4的麵糊內，用橡皮刮刀輕輕地稍微拌合（圖6）。
7. 再加入剩餘的蛋白霜，繼續用橡皮刮刀輕輕地從容器底部刮起拌勻。
8. 用橡皮刮刀將麵糊刮入烤盤內，並改用小刮板將表面抹平。
9. 輕敲烤盤稍微震出氣泡，烤箱預熱後，以上火約190℃、下火約160℃烘烤約12分鐘左右，表面呈金黃色、觸感有彈性即可。
10. 蛋糕出爐後，用手抓著蛋糕紙將蛋糕移至網架上，並撕開四邊蛋糕紙散熱。
11. 依p.33的**撕掉蛋糕紙**作法1～3及**再翻面一次**作法4～5，將蛋糕體上色的一面恢復成正面。

◎ 製作夾心餡

1. 原味優格放在室溫下回溫備用。
2. 依p.26的作法1～3，將無鹽奶油、糖粉及鮮奶攪拌成光滑細緻的奶油霜（圖7）。
3. 原味優格分三次慢慢加入奶油糊中（圖8），繼續快速攪打成光滑細緻狀，最後刨入檸檬皮屑攪拌均勻（圖9），即成**優格簡易奶油霜**。

◎ 捲蛋糕

1. 依p.33的作法6～9，抹上原味優格簡易奶油霜（圖10）。
2. 依p.34的作法10～13，以內捲法完成，並以蛋糕紙包住整個蛋糕體，冷藏30～60分鐘，待蛋糕卷定型後，頭尾修除整齊即完成。

4

8

5

9

6

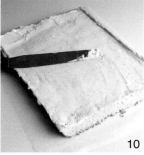

10

7

◎ 製作奶油霜前，原味優格必須先在室溫下回溫，才易與奶油糊混合打發，否則溫度過低，易造成油水分離現象。

T
I
P
S

Part 3
回味無窮的
果仁滋味

運用各式堅果的香氣與特性，再配上濃醇的奶油霜，最能
突顯品嚐時的風味，不同的咀嚼感，或酥，或脆，或綿
細，創造出前所未有的蛋糕卷美味。

杏仁楓糖蛋糕卷 內捲法

這款蛋糕卷裡裡外外的香氣與色澤，均來自於楓糖漿特有的風味，
另一項意義則是扮演液體的角色，但其效果更甚於一般的鮮奶或果汁；
此外藉由杏仁片的酥脆度與柔和氣味，而讓口感更加圓潤與豐厚。

材料

◎ 戚風蛋糕

　┌ 蛋黃　80克（約4個）
　│ 細砂糖　15克
　│ 沙拉油　35克
　│ 楓糖漿　50克
　└ 低筋麵粉　70克

　┌ 蛋白　150克（約4個）
　└ 細砂糖　65克

◎ 夾心餡 → 楓糖簡易奶油霜
　無鹽奶油　150克
　楓糖漿　100克

◎ 配料 → 杏仁片　40克

◎ 楓糖漿在一般烘焙材料店或超市較 TIPS
易購得，如無法取得可改用蜂蜜製
作，分量不變。
◎ 奶油霜抹在蛋糕卷表面時，只要厚
度平均即可，不需刻意抹平就可直
接沾裹杏仁片。

作法

🌀 製作蛋糕體

1. 沙拉油及楓糖漿放在同一容器內，隔熱水加熱至楓糖漿呈流動狀（圖1）。

2. 蛋黃加入細砂糖，用打蛋器攪拌均勻至砂糖融化，再慢慢加入作法1的液體材料（圖2），倒入時邊用打蛋器攪拌。

3. 將低筋麵粉全部篩入蛋黃糊內，用打蛋器以不規則方向，輕輕地拌成均勻麵糊。

4. 依p.14的作法5～9，將蛋白打發成細緻的蛋白霜（圖3）。

5. 依p.15的作法10～11，將蛋白霜與作法3的麵糊混合拌勻。
6. 用橡皮刮刀將麵糊刮入烤盤內，並改用小刮板將表面抹平。
7. 輕敲烤盤稍微震出氣泡，烤箱預熱後，以上火190℃、下火160℃烘烤約12分鐘，表面呈金黃色、觸感有彈性即可。

8. 蛋糕出爐後，用手抓著蛋糕紙將蛋糕移至網架上，並撕開四邊蛋糕紙散熱。
9. 依p.33的**撕掉蛋糕紙**作法1～3及**再翻面一次**作法4～5，將蛋糕體上色的一面恢復成正面。

🌀 製作夾心餡

1. 無鹽奶油放在室溫下回軟，用攪拌機由慢而快將奶油攪打成鬆發的奶油糊。

2. 楓糖漿以少量多次方式慢慢加入（圖4），繼續快速攪打成光滑細緻狀，即為**楓糖簡易奶油霜**。

🌀 捲蛋糕&裝飾

1. 烤箱預熱後，將杏仁片以上、下火150℃烘烤約10分鐘，呈金黃色，放涼備用。
2. 依p.33的作法6～9，抹上約2/3分量的楓糖簡易奶油霜。
3. 依p.34的作法10～13，以內捲法完成，並以蛋糕紙包住整個蛋糕體，冷藏30～60分鐘，待蛋糕卷定型。

4. 將剩餘的奶油霜抹在蛋糕卷表面，並沾上杏仁片（圖5），冷藏30～60分鐘，待奶油霜凝固定型，頭尾修除整齊即完成。

焦糖核桃蛋糕卷 外捲法

花點時間將核桃裹上焦糖，絕對有意想不到的美妙口感，
再加上黑糖製成的鬆軟蛋糕體與香醇的蛋黃奶油霜，
香氣加倍，齒頰留香，凡是嚐過的人無不讚歎喲！

材料

指形蛋糕
- 蛋白　120克（約3個）
- 黑糖　85克
- 蛋黃　60克（約3個）
- 低筋麵粉　75克

夾心餡→橙酒蛋黃奶油霜
- 無鹽奶油　120克
- 蛋黃　40克
- 細砂糖　10克
- 細砂糖　50克
- 水　25克
- 香橙酒　1/2小匙
- 配料 → 焦糖核桃
- 細砂糖　40克
- 水　30克
- 核桃（切碎）　100克
- 無鹽奶油　10克

作法

◉ 製作蛋糕體

1. 依p.14的作法5～6，將黑糖分3～4次加入蛋白中（圖1），以快速方式攪打。
2. 依p.14的作法7～9，將蛋白打發成細緻的蛋白霜（圖2）。
3. 將蛋黃加入蛋白霜內，用攪拌機快速攪勻（圖3）。
4. 將低筋麵粉分3次篩入作法3的蛋白霜內，用橡皮刮刀輕輕地將麵粉壓入蛋白霜內（圖4），再從容器底部刮起拌至無顆粒狀，繼續篩入麵粉時，並用同樣方式將全部麵粉拌勻成麵糊狀。
5. 依p.22的作法4～8，將麵糊擠在烤盤上呈平行線條（圖5）。
6. 烤箱預熱後，以上火190℃、下火160℃烘烤約15分鐘，表面上色、觸感有彈性即可。
7. 蛋糕出爐後，用手抓著蛋糕紙將蛋糕移至網架上，並撕開四邊蛋糕紙散熱。
8. 依p.31的**撕掉蛋糕紙**作法1～3，使蛋糕體上色的一面在底部。

◉ 製作夾心餡

1. **焦糖核桃**：烤箱預熱後，將核桃以上、下火150℃烘烤約10～15分鐘，稍微上色即可，放涼後切碎備用。
2. 細砂糖加水（圖6），用小火煮至砂糖融化表面佈滿泡沫（圖7），再加入碎核桃（圖8）。

3. 邊加熱邊攪拌，直到糖水煮乾（圖9），核桃裹上糖霜（圖10），再加入奶油拌勻（圖11）。
4. 繼續加熱至核桃呈咖啡色，即成焦糖核桃，盛盤放涼備用（圖12）。
5. 蛋黃奶油霜：依p.29的作法1～8，將蛋黃奶油霜製作完成。
6. 加入香橙酒，繼續用快速攪拌至鬆發狀，即成**橙酒蛋黃奶油霜**（圖13）。

◉ 捲蛋糕

1. 依p.31的作法4～9，抹上橙酒蛋黃奶油霜，鋪上焦糖核桃，再輕輕地拍入奶油霜內（圖14）。
2. 依p.32的作法10～13，以外捲法完成，並以蛋糕紙包住整個蛋糕體，冷藏30～60分鐘，待蛋糕捲定型後，頭尾修除整齊即完成。

◎ 烘烤核桃時，應避免將核桃烤過頭，才不會影響口感。
◎ 焦糖核桃冷卻後，會有沾黏現象是正常的，使用前只需用手掰開即可。
◎ 作法5的平行線條麵糊也可如p.78水蜜桃蛋糕卷的方式，直接將麵糊抹平烘烤。

T
I
P
S

材料

🌀 分蛋式海綿蛋糕

　無鹽奶油　30克

┌蛋黃　80克（約4個）

└細砂糖　20克

┌蛋白　120克（約3個）

└細砂糖　60克

　低筋麵粉　45克

　熟的黑芝麻粒　15克

🌀 夾心餡 → 黑芝麻慕斯琳

　無鹽奶油　100克

┌蛋黃　40克

│細砂糖　50克

│低筋麵粉　20克

└鮮奶　200克

　黑芝麻粉　45克

🌀 慕斯琳冷藏後易凝固成糰，使用前最好用攪拌機或打蛋器再打發，有利於塗抹在蛋糕體上。

T
I
P
S

作法

🌀 製作蛋糕體

1. 將無鹽奶油放在容器內，以隔水加熱方式融化成液體，加熱時可用小湯匙邊攪拌（圖1）。
2. 依p.18的作法2～10，將蛋糕體的蛋白霜與蛋黃糊攪拌完成（圖2）。
3. 先將低筋麵粉過篩，再與熟的黑芝麻粒混合攪勻。
4. 分3次拌入作法2的蛋糕內（圖3），用橡皮刮刀輕輕地將混合材料切入蛋糕內，再從容器底部刮起拌至無顆粒狀，每次倒入材料時，都用同樣方式將全部材料拌勻成麵糊狀。
5. 取少量麵糊倒入作法1的融化奶油，用橡皮刮刀快速拌勻，再倒回作法4的麵糊內，用橡皮刮刀從容器底部將所有材料刮拌均勻。
6. 用橡皮刮刀將麵糊刮入烤盤內，再改用小刮板將表面抹平。
7. 輕敲烤盤稍微震出氣泡，烤箱預熱後，以上火190℃、下火160℃烘烤約12分鐘，表面呈金黃色、觸感有彈性即可。
8. 蛋糕出爐後，用手抓著蛋糕紙將蛋糕移至網架上，並撕開四邊蛋糕紙散熱。
9. 依p.33的**撕掉蛋糕紙**作法1～3及**再翻面一次**作法4～5，將蛋糕體上色的一面恢復成正面。

🌀 製作夾心餡

1. 依p.27的作法1～10，將慕斯琳製作完成（圖4）。
2. 再加入黑芝麻粉，用橡皮刮刀拌勻，即成**黑芝麻慕斯琳**，冷藏備用（圖5）。

🌀 捲蛋糕

1. 依p.33的作法6～9，抹上黑芝麻慕斯琳（圖6）。
2. 依p.34的作法10～13，以內捲法完成，並以蛋糕紙包住整個蛋糕體，冷藏30～60鐘，待蛋糕卷定型後，頭尾修除整齊即完成。

1

2

3

4

黑芝麻慕斯琳蛋糕卷

內捲法

將香甜的慕斯琳製成黑芝麻口味的餡料,除了香氣更加豐富外,
仍不失軟滑細緻的特性,尤其經過冰鎮後,
入口的瞬間更有說不出的幸福感。

5

6

濃香杏仁蛋糕卷 外捲法

濃稠的花生醬經過奶油及鮮奶調製後，無論觸感或口感顯得更加滑順與細緻；
與法式杏仁海綿蛋糕卷成一體，香氣加倍，口感更醇厚。

材料

◎ 法式杏仁海綿蛋糕
無鹽奶油　20克
┌ 杏仁粉　60克
│ 糖粉　30克
└ 全蛋　120克（約2個）
┌ 蛋白　100克（約2.5個）
└ 細砂糖　60克
低筋麵粉　50克

◎ 夾心餡 → 花生醬簡易奶油霜
┌ 無鹽奶油　70克
│ 糖粉　20克
└ 鮮奶　30克
無顆粒的花生醬　70克

作法

◎ 製作蛋糕體

1. 依 p.20 的作法 1
～ 12，將蛋糕體
製作完成（圖 1）。

2. 蛋糕出爐後，用手抓著蛋糕紙將蛋糕移至
網架上，並撕開四邊蛋糕紙散熱。

3. 依 p.31 的**撕掉蛋糕紙**作法 1 ～ 3，使蛋糕體
上色的一面在底部。

◎ 製作夾心餡

1. 依 p.26 的作法 1
～ 3，將無鹽奶
油、糖粉及鮮奶
攪拌成光滑細緻
的奶油霜（圖 2）。

2. 接著加入無顆粒
的花生醬繼續攪
拌均勻，即成**花
生醬簡易奶油霜**
（圖 3）。

◎ 捲蛋糕

1. 依 p.31 的作法 4
～ 9，抹上花生
醬簡易奶油霜
（圖 4）。

2. 依 p.32 的作法 10 ～ 13，以外捲法完成，並
以蛋糕紙包住整個蛋糕體，冷藏 30 ～ 60 分
鐘，待蛋糕卷定型後，頭尾修除整齊即完
成。

TIPS

◎ 無顆粒的花生醬為市售的產
品，也可選用有顆粒的花生
醬製作；或可利用料理機將
熟花生攪打成泥狀來應用。

117

材料

◎ 全蛋式海綿蛋糕

┌ 無鹽奶油　30克
└ 蜂蜜　40克

┌ 全蛋　200克（約3.5個）
│ 蛋黃　20克（約1個）
└ 細砂糖　80克

┌ 低筋麵粉　80克
└ 玉米粉　1小匙

◎ 夾心餡 → 蜂蜜蛋黃奶油霜

無鹽奶油　120克

┌ 蛋黃　40克
└ 細砂糖　10克

┌ 細砂糖　50克
└ 水　25克

蜂蜜　1大匙

配料 → 夏威夷果仁　70克

作法

◎ 製作蛋糕體

1. 無鹽奶油與蜂蜜放入同一容器內，隔水加熱將奶油融化，加熱時可用小湯匙一邊攪拌（圖1）。
2. 依p.16的作法2～8，將蛋糕體的麵糊製作完成（圖2）。
3. 取少量麵糊倒入作法1的液體內，用橡皮刮刀快速拌勻（圖3）。
4. 再倒回作法2的麵糊內，用橡皮刮刀從容器底部將所有材料刮拌均勻。
5. 用橡皮刮刀將麵糊刮入烤盤內，並改用小刮板將表面抹平。
6. 輕敲烤盤稍微震出氣泡，烤箱預熱後，以上火190℃、下火160℃烘烤約12分鐘，表面上色、觸感有彈性即可。
7. 蛋糕出爐後，用手抓著蛋糕紙將蛋糕移至網架上，並撕開四邊蛋糕紙散熱。
8. 依p.31的**撕掉蛋糕紙**作法1～3，使蛋糕體上色的一面在底部。

◎ 製作夾心餡

1. 烤箱預熱後，將夏威夷果仁以上、下火150℃烘烤約10～15分鐘，呈金黃色即可，放涼後切碎備用。
2. 依p.29的作法1～8，將蛋黃奶油霜製作完成（圖4）。
3. 再加入蜂蜜以快速攪勻（圖5），即為光滑細緻的**蜂蜜蛋黃奶油霜**。

◎ 捲蛋糕

1. 依p.31的作法4～9，抹上蜂蜜蛋黃奶油霜。
2. 接著鋪上夏威夷果仁，再用抹刀輕輕地拍入奶油霜內（圖6）。
3. 依p.32的作法10～13，以外捲法完成，並以蛋糕紙包住整個蛋糕體，冷藏30～60分鐘，待蛋糕卷定型後，頭尾修除整齊即完成。

◎ 夏威夷果仁顆粒較硬，需切碎再使用，口感較能與奶油霜及蛋糕體搭配，也可改用榛果來製作，風味也非常好。

T
I
P
S

蜂蜜夏威夷果仁蛋糕卷 外捲法

蜂蜜海綿蛋糕特有的琥珀色，從出爐開始便散發誘人的陣陣香氣，
加上濃郁的奶油霜，以及香脆可口的夏威夷果仁，捲完的同時，
已讓人迫不及待想要嚐一口喔！

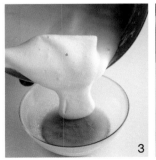

3

4

5

6

椰奶開心果 蛋糕卷

外捲法

開心果淡淡的香氣,不如其他堅果來得濃郁,因為如此,
也就非常適合與椰奶搭配做餡料,似有若無的咀嚼口感,
既不搶味卻也能增添品嚐的精采度。

材料

指形蛋糕

- 低筋麵粉　70克
- 椰子粉　15克
- 蛋白　120克(約3個)
- 細砂糖　80克
- 蛋黃　60克(約3個)
- 糖粉　適量

夾心餡 → 椰奶簡易奶油霜

- 無鹽奶油　80克
- 糖粉　20克
- 椰奶　65克

配料 → 開心果　30克

作法

◎ 製作蛋糕體

1. 先將低筋麵粉過篩，再與椰子粉一起放入容器內備用。
2. 依p.22的作法1～2，將蛋白打發後與蛋黃混合（圖1）。
3. 依p.22的作法3，將作法1的粉料加入，拌成均勻的麵糊（圖2）。
4. 用橡皮刮刀將麵糊刮入烤盤內，並改用小刮板將表面抹平。
5. 烤箱預熱後，以上火190℃、下火160℃烘烤約15分鐘，表面呈金黃色、觸感有彈性即可。
6. 蛋糕出爐後，用手抓著蛋糕紙將蛋糕移至網架上，並撕開四邊蛋糕紙散熱。
7. 依p.31的**撕掉蛋糕紙**作法1～3，使蛋糕體上色的一面在底部。

◎ 製作夾心餡

1. 烤箱預熱後，將開心果以上、下火150℃烘烤約10分鐘，稍微上色即可，放涼後切碎備用。
2. 依p.26的作法1～2，將無鹽奶油與糖粉攪打成鬆發的奶油糊（圖3）。
3. 椰奶以少量多次的方式慢慢加入奶油糊中（圖4），繼續快速攪打成光滑細緻狀，即成**椰奶簡易奶油霜**。

◎ 捲蛋糕

1. 依p.31的作法4～9，抹上椰奶簡易奶油霜，再均勻地撒上開心果粒（圖5）。
2. 依p.32的作法10～13，以外捲法完成，並以蛋糕紙包住整個蛋糕體，冷藏30～60分鐘，待蛋糕卷定型後，頭尾修除整齊即完成。

T
I
P
S

◎ 舖料方式可參考p.30的不同舖排方式。

南瓜黑豆蛋糕卷 內捲法

南瓜的蛋糕體加上蜜黑豆的夾心，兩者結合的蔬果風，既清新又自然的大地滋味，很難得的蛋糕卷，值得品嚐喔！

材料

◎ 分蛋式海綿蛋糕

　無鹽奶油　30克

　┌蛋黃　70克（約3.5個）
　│細砂糖　30克
　└南瓜泥　70克

　┌蛋白　150克（約4個）
　└細砂糖　80克

　低筋麵粉　50克

◎ 夾心餡 → 慕斯琳

　無鹽奶油　100克

　┌蛋黃　40克
　│細砂糖　40克
　│低筋麵粉　20克
　└鮮奶　200克

　香草莢　1/2根

　配料 → 蜜黑豆　100克

◎ 裝飾 → 糖粉　適量

蜜黑豆

為市售產品，顆粒碩大，富含各種維生素及膳食纖維；以蜜漬方式製成，口感綿軟香甜，除了直接食用外，也適用於糕點搭配。

3

4

5

作法

◎ 製作蛋糕體

1. 將無鹽奶油放在容器內,以隔水加熱方式融化成液體,加熱時可用小湯匙邊攪拌(圖1)。
2. 依p.18的作法2〜3,將蛋黃加細砂糖隔水加熱攪拌,成乳化狀的蛋黃糊(圖2)。
3. 將南瓜泥倒入蛋黃糊內,用打蛋器攪散(圖3)。
4. 依p.18的作法4〜8,將蛋白打發成細緻的蛋白霜(圖4)。
5. 依p.19的作法9〜10,將蛋白霜與蛋黃糊拌勻。
6. 依p.19的作法11,將麵粉篩入作法5的蛋糕內,攪拌成均勻的麵糊。
7. 取少量麵糊倒入作法1的融化奶油內,用橡皮刮刀快速拌勻。
8. 再倒回原來的麵糊內,用橡皮刮刀從容器底部將所有材料刮拌均勻。
9. 用橡皮刮刀將麵糊刮入烤盤內,再改用小刮板將表面抹平。
10. 輕敲烤盤稍微震出氣泡,烤箱預熱後,以上火190℃、下火160℃烘烤約12分鐘,表面呈金黃色、觸感有彈性即可。
11. 蛋糕出爐後,用手抓著蛋糕紙將蛋糕移至網架上,並撕開四邊蛋糕紙散熱。
12. 依p.33的**撕掉蛋糕紙**作法1〜3及**再翻面一次**作法4〜5,將蛋糕體上色的一面恢復成正面。

◎ 製作夾心餡

1. 依p.27的作法1〜10,將**慕斯琳**製作完成並冷藏備用(圖5)。
2. 蜜黑豆瀝乾水分備用。

◎ 捲蛋糕&裝飾

1. 依p.33的作法6〜9,抹上慕斯琳,再均勻地鋪上蜜黑豆(圖6)。
2. 依p.34的作法10〜13,以內捲法完成,並以蛋糕紙包住整個蛋糕體,冷藏30〜60分鐘,待蛋糕捲定型後,頭尾修除整齊。
3. 在蛋糕捲表面篩上適量的糖粉,用噴火槍將糖粉炙烤上色即完成(圖7)。

6

7

◎ 南瓜去皮取70克再切成小塊,蒸熟後趁熱用叉子壓成泥狀,或裝入塑膠袋內用**擀麵棍壓成泥**狀均可。

◎ 蜜黑豆使用前,可用廚房紙巾儘量將水分吸乾;如無法取得,也可改用蜜花豆製作。

◎ 蛋糕捲表面的裝飾,是以噴火槍瞬間將糖粉炙烤上色而成,可依個人意願製作。

◎ 慕斯琳冷藏後易凝固成糰,使用前最好用攪拌機或打蛋器再打發,有助於塗抹在蛋糕體上。

T
I
P
S

松子黑糖蛋糕卷 外捲法

從蛋糕體到夾心的奶油霜，都以黑糖做為甜味來源，自然的咖啡色與香氣，讓人吃得安心；
加上松子仁淡淡的堅果香，而讓口感更加圓潤，有別於一般白砂糖的蛋糕滋味，
這道「黑糖風」蛋糕卷，應是大家期待又熟悉的好味道！

材料

◎ 全蛋式海綿蛋糕
- 無鹽奶油　25克
- 鮮奶　35克
- 全蛋　200克（約3.5個）
- 蛋黃　20克（約1個）
- 黑糖　90克（過篩後）
- 低筋麵粉　80克
- 松子　15克

◎ 夾心餡 → 黑糖簡易奶油霜
- 無鹽奶油　80克
- 黑糖　30克（過篩後）
- 鮮奶　65克

◎ 麵糊表面的松子需事先烤熟，口感
　較香；注意勿烘烤過度，以免味道
　苦澀。

◎ 在使用黑糖前必須先過篩，以免顆
　粒過多影響攪拌效果；材料中所列
　的黑糖分量，均為過篩後的重量。

T
I
P
S

作法

⊚ 製作蛋糕體

1. 烤箱預熱後，將松子以上、下火160℃烘烤約10分鐘，稍微上色即可，放涼備用。

2. 無鹽奶油與鮮奶放在同一容器內，以隔水加熱方式將奶油融化成液體，加熱時可用小湯匙邊攪拌（圖1）。

3. 依p.16的作法2，將全蛋、蛋黃及黑糖放在同一容器內隔水加熱，並用打蛋器攪拌蛋液（圖2）。

4. 依p.16的作法3～6，將蛋液攪拌成濃稠的蛋糊（圖3）。

5. 依p.16的作法7～8，將低筋麵粉分次篩入蛋糊中，拌勻成無顆粒的麵糊（圖4）。

6. 取少量麵糊倒入作法2的融化奶油內，用橡皮刮刀快速拌勻。

7. 再倒回作法5的麵糊內，用橡皮刮刀從容器底部將所有材料刮拌均勻。

8. 用橡皮刮刀將麵糊刮入烤盤內，再改用小刮板將表面抹平。

9. 輕敲烤盤稍微震出氣泡，再均勻地撒上松子（圖5）。

10. 烤箱預熱後，以上火200℃、下火160℃烘烤約12分鐘，表面上色、觸感有彈性即可。

11. 蛋糕出爐後，用手抓著蛋糕紙將蛋糕移至網架上，並撕開四邊蛋糕紙散熱。

12. 依p.31的**撕掉蛋糕紙**作法1～3，使蛋糕體上色的一面在底部。

⊚ 製作夾心餡

1. 無鹽奶油放在室溫下回軟，加入黑糖用橡皮刮刀拌合後，接著用攪拌機由慢而快將奶油攪打成鬆發的奶油糊（圖6）。

2. 鮮奶回溫後以少量多次的方式慢慢加入奶油糊中，繼續快速攪打成光滑細緻狀，即成**黑糖簡易奶油霜**（圖7）。

⊚ 捲蛋糕

1. 依p.31的作法4～9，抹上黑糖簡易奶油霜（圖8）。

2. 依p.32的作法10～13，以外捲法完成，並以蛋糕紙包住整個蛋糕體，冷藏30～60分鐘，待蛋糕卷定型後，頭尾修除整齊即完成。

5

1

6

2

7

3

8

4

材料

◎ 全蛋式海綿蛋糕
- ┌ 無鹽奶油　25克
- └ 柳橙汁　25克
- ┌ 全蛋　180克（約3個）
- │ 蛋黃　20克（約1個）
- └ 細砂糖　85克
- ┌ 低筋麵粉　75克
- └ 玉米粉　1小匙

◎ 夾心餡 → 栗子簡易奶油霜
- 無鹽奶油　50克
- 動物性鮮奶油　50克
- 栗子泥（無糖）　200克
- 糖粉　50克
- 蘭姆酒　1/2小匙

◎ 裝飾 → 糖漬栗子　適量

作法

◎ 製作蛋糕體

1. 無鹽奶油與柳橙汁放入同一容器內，隔水加熱將奶油融化，加熱時可用小湯匙一邊攪拌（圖1）。
2. 依p.16的作法2～8，將蛋糕體的麵糊製作完成（圖2）。
3. 取少量麵糊倒入作法1的液體內，用橡皮刮刀快速拌勻。
4. 再倒回作法2的麵糊內，用橡皮刮刀從容器底部將所有材料刮拌均勻。
5. 用橡皮刮刀將麵糊刮入烤盤內，並改用小刮板將表面抹平。
6. 輕敲烤盤稍微震出氣泡，烤箱預熱後，以上火約190℃、下火約160℃烘烤約12分鐘左右，表面呈金黃色、觸感有彈性即可。
7. 蛋糕出爐後，用手抓著蛋糕紙將蛋糕移至網架上，並撕開四邊蛋糕紙散熱。
8. 依p.31的**撕掉蛋糕紙**作法1～3，使蛋糕體上色的一面在底部。

◎ 製作夾心餡

1. 無鹽奶油放在室溫下回軟、動物性鮮奶油放在室溫下回溫備用。
2. 栗子泥放在容器內，加入糖粉後先用橡皮刮刀拌勻（圖3），再加入奶油用攪拌機以慢速攪拌均勻成栗子糊（圖4）。
3. 將動物性鮮奶油以少量多次的方式慢慢加入栗子糊內（圖5），繼續快速攪打成光滑細緻狀，最後加入蘭姆酒攪勻，即成**栗子簡易奶油霜**（圖6）。

◎ 捲蛋糕

1. 依p.31的作法4～9，抹上約2/3分量的栗子簡易奶油霜（圖7）。
2. 依p.32的作法10～13，以外捲法完成，並以蛋糕紙包住整個蛋糕體，冷藏30～60分鐘，待蛋糕卷定型。
3. 將平口花嘴裝入擠花袋內，再裝入栗子簡易奶油霜，在蛋糕卷表面擠滿線條（圖8），冷藏30～60分鐘，待蛋糕卷定型後，頭尾修除整齊。
4. 最後在蛋糕卷表面放上糖漬栗子裝飾即完成（圖9）。

◎ 材料中的栗子泥為無糖產品，糖量可隨個人的嗜甜程度增減，如改用含糖栗子醬時，材料中的糖粉則可省略不加；栗子泥或栗子醬會因廠牌、種類的不同，乾溼程度或許會有差異，調和奶油霜時，以能達到滑順細緻為原則，應避免油水分離現象。

◎ 材料中的糖漬栗子，為進口的罐裝產品，使用前須將多餘的糖漿瀝乾，並將栗子切碎再裝飾。

◎ 擠花袋的使用方式，請看p.22的作法4～7。

TIPS

1

2

3

4

5

栗子蛋糕卷 外捲法

蛋糕卷表面佈滿的栗子泥線條，發想於經典的世界名點——蒙布朗（Mont-Blanc），
雖然造型與圓形高聳狀完全不同，但卻有著同樣的美味；
香甜綿密的栗子泥與鬆軟可口的海綿蛋糕，
無論如何都是渾然天成的好味道。

栗子泥

為進口產品，呈咖啡色的泥狀，使用前必須調和動物性鮮奶油或鮮奶，可製成各式栗子糕點，口感綿密香甜。

6

7

8

9

白芝麻奶油蛋糕卷

內捲法

奶油糊中有著似有若無的白芝麻,
與綿軟的蛋糕體融成一體時,
就是自然、平凡、親和的滋味;
當成伴手禮,保證心意十足,獲得滿堂彩。

材料

◎ 分蛋式海綿蛋糕
無鹽奶油　40克
┌ 蛋黃　100克（約5個）
└ 細砂糖　20克
┌ 蛋白　160克（約4個）
└ 細砂糖　75克
低筋麵粉　55克

◎ 夾心餡 → 白芝麻蛋白奶油霜
無鹽奶油　120克
┌ 細砂糖　50克
└ 水　25克
┌ 蛋白　50克
└ 細砂糖　10克
熟白芝麻　15克

作法

◎ 製作蛋糕體

1. 依p.18的作法1～15，將蛋糕體製作完成（圖1）。
2. 蛋糕出爐後，用手抓著蛋糕紙將蛋糕移至網架上，並撕開四邊蛋糕紙散熱。
3. 依p.33的**撕掉蛋糕紙**作法1～3，使蛋糕體上色的一面在底部。

◎ 製作夾心餡

1. 依p.28的作法1～9，將蛋白奶油霜製作完成（圖2）。
2. 將熟的白芝麻倒入奶油霜中，用橡皮刮刀拌勻即成**白芝麻蛋白奶油霜**（圖3）。

◎ 捲蛋糕&裝飾

1. 將烙印模燒至高溫，直接烙印在蛋糕體上（圖4）。
2. 依p.33的**再翻面一次**作法4～5，將蛋糕體上色的一面恢復成正面（烙印的一面在底部）。
3. 依p.33的作法6～9，抹上白芝麻蛋白奶油霜（圖5）。
4. 依p.34的作法10～13，以內捲法完成，並以蛋糕紙包住整個蛋糕體，冷藏30～60分鐘，待蛋糕卷定型後，頭尾修除整齊即完成。

◎ 烘焙用的烙印模多為生鐵或銅製品（圖6），在一般烘焙材料店較易購得，有多種圖案可供選擇；以高溫加熱後，可烙印在糕點表面裝飾。

◎ 烙印時不需烙滿整個蛋糕面，僅需1/2的面即可，但捲蛋糕時需從沒有烙印的一端開始捲起，捲後的成品表面才會出現烙印圖案。

T
I
P
S

1

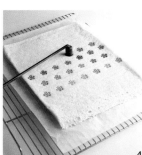
2

3

4

5

6

Part 4

清爽宜人的
驚喜滋味

以和風的抹茶、宜人的伯爵茶為首選,沒有苦澀,只有清爽,從蛋糕體到夾心餡,佐以香甜的配料,讓味蕾體驗各種驚喜滋味。

伯爵奶茶蛋糕卷 內捲法

伯爵茶帶有宜人的佛手柑香氣，當成蛋糕體與夾心餡的調味，
其茶香與奶香交織成的愉悅口感，在口中不斷散發；
以伯爵茶特有的風味入甜點，
絕對是不可少的一道美味。

材料

🌀 全蛋式海綿蛋糕
- 無鹽奶油　25克
- 鮮奶　50克
- 伯爵茶　4克（2小匙）
- 全蛋　200克（約3.5個）
- 蛋黃　20克（約1個）
- 細砂糖　90克
- 低筋麵粉　75克
- 玉米粉　1小匙

🌀 夾心餡 → 伯爵茶簡易奶油霜
- 無鹽奶油　80克
- 糖粉　30克
- 茶汁　45克（伯爵茶1小匙加熱水
  60克，浸泡約10分
  鐘，瀝出茶汁）

作法

◎ 製作蛋糕體

1. 鮮奶與伯爵茶放入同一容器內，先攪拌均勻再加入無鹽奶油，隔水加熱將奶油融化（圖1），加熱時可用小湯匙一邊攪拌。

2. 依p.16的作法2～8，將蛋糕體的麵糊製作完成（圖2）。

3. 取少量的麵糊倒入作法1的液體內，用橡皮刮刀快速拌勻（圖3）。

4. 再倒回作法2的麵糊內，用橡皮刮刀從容器底部將所有材料刮拌均勻。

5. 用橡皮刮刀將麵糊刮入烤盤內，並改用小刮板將表面抹平（圖4）。

6. 輕敲烤盤稍微震出氣泡，烤箱預熱後，以上火190℃、下火160℃烘烤約12分鐘，表面呈金黃色、觸感有彈性即可。

7. 蛋糕出爐後，用手抓著蛋糕紙將蛋糕移至網架上，並撕開四邊蛋糕紙散熱。

8. 依p.33的**撕掉蛋糕紙**作法1～3及**再翻面一次**作法4～5，將蛋糕體上色的一面恢復成正面。

◎ 製作夾心餡

1. 無鹽奶油放在室溫下回軟，加入糖粉用橡皮刮刀拌合後，再用攪拌機打發成光滑細緻的奶油糊（圖5）。

2. 將茶汁以少量多次方式慢慢加入奶油糊中，繼續快速攪打成光滑細緻狀，即成**伯爵茶簡易奶油霜**（圖6）。

◎ 捲蛋糕

1. 依p.33的作法6～9，抹上伯爵茶簡易奶油霜（圖7）。

2. 依p.34的作法10～13，以內捲法完成，並以蛋糕紙包住整個蛋糕體，冷藏30～60分鐘，待蛋糕卷定型後，頭尾修除整齊即完成。

◎ 蛋糕體內的伯爵茶可使用市售的茶包或專供烘焙用的粉末狀茶葉，浸泡在熱鮮奶中至少10分鐘以上，液體呈咖啡色，質地細緻不需過篩，可與麵糊混合入味；而奶油霜內的茶汁則需過篩後再使用。

TIPS

1
2
3
4
5
6
7

紅茶凍蛋糕卷 內捲法

蛋糕卷內裹著軟Q的果凍，入口後隨即化開成意想不到的茶香；
也可利用其他的茶種，同樣也會呈現美妙口感喔！

材料

分蛋式海綿蛋糕
無鹽奶油　25克
蛋黃　80克（約4個）
細砂糖　25克
紅茶包　2小袋
蛋白　120克（約3個）
細砂糖　60克
低筋麵粉　45克

夾心餡 → 打發鮮奶油
動物性鮮奶油　180克
細砂糖　20克
配料 → 紅茶凍
紅茶包　2小袋
熱開水　160克
細砂糖　15克
吉利丁片　2片

作法

◎ 製作蛋糕體

1. 將無鹽奶油放在容器內，以隔水加熱方式融化成液體，加熱時可用小湯匙邊攪拌（圖1）。
2. 依p.18的作法2～3，將蛋黃加細砂糖隔水加熱攪拌，呈乳化狀的蛋黃糊（圖2）。
3. 拆開紅茶包將碎茶葉倒入作法2的蛋黃糊內拌勻（圖3）。
4. 依p.18的作法4～8，將蛋白打發成細緻的蛋白霜（圖4）。
5. 取約1/3分量的蛋白霜，加入作法3的蛋黃糊內，用打蛋器輕輕地稍微拌合（圖5）。
6. 依p.19的作法11，將麵粉篩入作法5的蛋糊內，攪拌成均勻的麵糊。
7. 取少量麵糊倒入作法1的融化奶油內，用橡皮刮刀快速拌勻。

8. 再倒回原來的麵糊內，用橡皮刮刀從容器底部將所有材料刮拌均勻。
9. 用橡皮刮刀將麵糊刮入烤盤內，再改用小刮板將表面抹平。
10. 輕敲烤盤稍微震出氣泡，烤箱預熱後，以上火190℃、下火160℃烘烤約12分鐘，表面呈金黃色、觸感有彈性即可。
11. 蛋糕出爐後，用手抓著蛋糕紙將蛋糕移至網架上，並撕開四邊蛋糕紙散熱。
12. 依p.33的**撕掉蛋糕紙**作法1～3（圖6）及**再翻面一次**作法4～5，將蛋糕體上色的一面恢復成正面。

◎ 製作夾心餡

1. **紅茶凍**：將吉利丁片浸泡在冰塊水中，泡軟備用（圖7）。
2. 紅茶包加熱開水浸泡至少10分鐘以上（圖8），瀝出茶汁後加入細砂糖，用小火加熱至砂糖融化。
3. 將泡軟的吉利丁片擠乾水分，放入作法2的熱茶汁中攪拌融化（圖9）。
4. 將熱茶汁倒入容器內，放涼後冷藏凝固成紅茶凍備用。
5. **打發鮮奶油**：依p.25的作法1～3，將動物性鮮奶油打發（圖10）；打發後的鮮奶油可先將整個容器放在冰塊水上冰鎮，以確保鮮奶油的鬆發質地。

◎ 捲蛋糕

1. 依p.33的作法6～9，抹上打發鮮奶油，再將紅茶凍切成小塊鋪在鮮奶油表面（圖11）。
2. 依p.34的作法10～13，以內捲法完成，並以蛋糕紙包住整個蛋糕體，冷藏30～60分鐘，待蛋糕卷定型後，頭尾修除整齊即完成。

6

9

7

10

8

11

T I P S

◎ 製作蛋糕體時，紅茶包的碎茶葉倒入乳化後的蛋黃糊內，必須攪拌至蛋黃糊上色。
◎ 紅茶凍可隨個人意願，切成規則的長條狀或任何形狀均可。

抹茶蜜豆蛋糕卷 內捲法

毫無疑問，這款蛋糕卷肯定是口口抹茶香，特別的是，
咀嚼中還能嚐到粒粒飽滿的大顆蜜花豆；甜蜜蜜的滑順奶油霜，
同時也扮演著最柔和、最協調的幸福要角。

材料

◎ 全蛋式海綿蛋糕

- 無鹽奶油　25克
- 鮮奶　25克
- 全蛋　200克（約3.5個）
- 蛋黃　20克（約1個）
- 細砂糖　90克
- 抹茶粉　2小匙
- 低筋麵粉　75克
- 玉米粉　1小匙

◎ 夾心餡 → 抹茶蛋白奶油霜

　無鹽奶油　120克
- 細砂糖　50克
- 水　25克
- 蛋白　50克
- 細砂糖　10克
　抹茶粉　1/2小匙
　配料 → 蜜花豆　100克

TIPS

◎ 蛋白奶油霜在使用前，最好再以攪拌機快速打發，質地才更加滑順細緻，有助於塗抹在蛋糕體上。
◎ 夾心餡的配料蜜花豆，也可改用一般的蜜紅豆，滋味也不錯。

作法

◎ **製作蛋糕體**

1. 無鹽奶油與鮮奶放在同一容器內，以隔水加熱方式將奶油融化成液體，加熱時可用小湯匙邊攪拌（圖1）。
2. 依p.16的作法2～6，將全蛋、蛋黃及細砂糖攪拌成濃稠的乳白色蛋糊（圖2）。
3. 接著加入抹茶粉，用橡皮刮刀拌成均勻的抹茶蛋糊（圖3）。
4. 將低筋麵粉及玉米粉放在同一容器內，先篩入約1/3的分量於蛋糊中（圖4），用橡皮刮刀輕輕地將麵粉切入蛋糊內，再從容器底部刮起拌至無顆粒狀，接著再篩入粉料，並用同樣方式將全部粉料拌勻成麵糊狀。
5. 取少量麵糊倒入作法1的液體內，用橡皮刮刀快速拌勻（圖5），再倒回作法4的麵糊內（圖6），用橡皮刮刀輕輕地從容器底部將所有材料刮拌均勻。
6. 用橡皮刮刀將麵糊刮入烤盤內，並改用小刮板將表面抹平。

7. 輕敲烤盤稍微震出氣泡，烤箱預熱後，以上火190℃、下火160℃烘烤約12分鐘，表面上色、觸感有彈性即可。
8. 蛋糕出爐後，用手抓著蛋糕紙將蛋糕移至網架上，並撕開四邊蛋糕紙散熱。
9. 依p.33的**撕掉蛋糕紙**作法1～3及**再翻面一次**作法4～5，將蛋糕體上色的一面恢復成正面。

◎ **製作夾心餡**

1. 依p.28的作法1～9，將蛋白奶油霜製作完成。
2. 再加入抹茶粉攪拌均勻（圖7），即為光滑細緻的**抹茶蛋白奶油霜**。

◎ **捲蛋糕**

1. 依p.33的作法6～9，抹上抹茶蛋白奶油霜，再均勻地鋪上蜜花豆，並用抹刀將蜜花豆壓入奶油霜內（圖8）。
2. 依p.34的作法10～13，以內捲法完成，並以蛋糕紙包住整個蛋糕體，冷藏30～60分鐘，待蛋糕卷定型後，頭尾修除整齊即完成。

抹茶慕斯琳蛋糕卷 內捲法 （參見 DVD 示範）

同樣是抹茶口味的蛋糕卷，但轉換成不同的蛋糕體、不同的夾心餡，甚至不同的配料時，
就讓人體驗不同的品嚐滋味，這就是蛋糕卷百變的魅力所在。

材料

⊙ 分蛋式海綿蛋糕
無鹽奶油　25克
┌蛋黃　80克（約4個）
│細砂糖　25克
└抹茶粉　4克（2小匙）
┌蛋白　120克（約3個）
└細砂糖　60克
　低筋麵粉　45克

⊙ 抹茶線條
無鹽奶油　15克
糖粉　10克
蛋白　15克
低筋麵粉　10克
抹茶粉　1/2小匙

⊙ 夾心餡 → 抹茶慕斯琳
無鹽奶油　100克
┌蛋黃　40克
│細砂糖　45克
│低筋麵粉　20克
└鮮奶　200克
　抹茶粉　1/2小匙
　配料 → 蜜紅豆　100克

作法

🌀 製作蛋糕體

1. **抹茶線條**：無鹽奶油放在室溫下軟化後，與糖粉、蛋白、低筋麵粉及抹茶粉放在同一容器內，用湯匙攪成均勻的抹茶麵糊（圖1）。
2. 將抹茶麵糊裝入紙製擠花袋內，並在尖端處剪一小洞，將抹茶麵糊擠在烤盤上成平行線條。
3. 利用竹籤在平行線條上來回畫出痕跡（圖2），接著放入冷凍室凝固備用。
4. **分蛋式海綿蛋糕**：將無鹽奶油放在容器內，以隔水加熱方式融化成液體，加熱時可用小湯匙邊攪拌（圖3）。
5. 依p.18的作法2～3，將蛋黃加細砂糖隔水加熱攪拌，成乳化狀的蛋黃糊（圖4）。
6. 接著將抹茶粉加入蛋黃糊內，用打蛋器拌勻（圖5）。
7. 依p.18的作法4～8，將蛋白打發成細緻的蛋白霜。
8. 取約1/3的蛋白霜，加入作法6的蛋黃糊內，用橡皮刮刀輕輕地稍微拌合，再加入剩餘蛋白霜，輕輕地從容器底部刮起拌勻（圖6）。
9. 依p.19的作法11，將低筋麵粉分3次篩入蛋糊內，拌勻成麵糊狀。
10. 取少量麵糊倒入作法4的融化奶油內，用橡皮刮刀快速拌勻，再倒回原來的麵糊內，用橡皮刮刀從容器底部將所有材料刮拌均勻。
11. 用橡皮刮刀將麵糊刮入烤盤內（圖7），並改用小刮板將表面抹平。
12. 輕敲烤盤稍微震出氣泡，烤箱預熱後，以上火190℃、下火160℃烘烤約12分鐘，表面上色、觸感有彈性即可。
13. 蛋糕出爐後，用手抓著蛋糕紙將蛋糕移至網架上，並撕開四邊蛋糕紙散熱。
14. 依p.33的**撕掉蛋糕紙**作法1～3（圖8）及**再翻面一次**作法4～5，將蛋糕體上色的一面恢復成正面。

🌀 製作夾心餡

1. 依p.27的作法1～10，將慕斯琳製作完成（圖9）。
2. 再加入抹茶粉，用攪拌機（或打蛋器）拌勻，即成**抹茶慕斯琳**，冷藏備用。

🌀 捲蛋糕

1. 依p.33的作法6～9，抹上抹茶慕斯琳，再將蜜紅豆鋪成4行（圖10）。
2. 依p.34的作法10～13，以內捲法完成，並以蛋糕紙包住整個蛋糕體，冷藏30～60分鐘，待蛋糕卷定型後，頭尾修除整齊即完成。

5

8

6

9

7

10

🌀 作法2的紙製擠花袋的製作方式及使用方式，請看p.11及p.12作法1～11。

🌀 蛋糕體上的抹茶線條，具裝飾效果，可隨個人意願做不同的造型；線條做好後必須冷凍凝固，才不會與麵糊混合模糊。

🌀 慕斯琳冷藏後易凝固成糰，使用前最好用攪拌機或打蛋器再打發，有助於塗抹在蛋糕體上。

🌀 蜜紅豆的鋪排方式，也可依照p.30的鋪料方式。

T I P S

材料

◎ 法式杏仁海綿蛋糕

無鹽奶油 20克

┌ 杏仁粉 50克
│ 糖粉 30克
│ 全蛋 120克
└ 抹茶粉 1小匙

┌ 蛋白 120克
└ 細砂糖 65克

低筋麵粉 45克

◎ 夾心餡 → 抹茶簡易奶油霜

┌ 無鹽奶油 120克
│ 糖粉 30克
└ 鮮奶 70克

抹茶粉 1/2小匙

◎ 裝飾 → 白巧克力屑

1

2

3

作法

◎ **製作蛋糕體**

1. 將無鹽奶油放在容器內,以隔水加熱方式融化成液體,加熱時可用小湯匙邊攪拌。
2. 杏仁粉、糖粉一起過篩後,與全蛋混合用打蛋器攪拌均勻(圖1)。
3. 攪拌成顏色稍微變淡的杏仁糊,再加入抹茶粉拌勻成抹茶杏仁糊(圖2)。
4. 依p.14的作法5〜9,將蛋白打發成細緻的蛋白霜(圖3)。
5. 取約1/3的蛋白霜,加入作法3的抹茶杏仁糊內(圖4),先用打蛋器輕輕地稍微拌合,接著加入剩餘的蛋白,再改用橡皮刮刀輕輕地從容器底部刮起拌勻。
6. 依p.21的作法6〜7,將低筋麵粉分2次篩入作法5的杏仁糊內,用橡皮刮刀從容器底部刮起,拌勻成無顆粒的麵糊(圖5)。
7. 取少量麵糊倒入作法1的融化奶油內,用橡皮刮刀快速拌勻(圖6),再倒回原來的麵糊內,用橡皮刮刀從容器底部將所有材料刮拌均勻。
8. 用橡皮刮刀將麵糊刮入烤盤內,並改用小刮板將表面抹平。
9. 輕敲烤盤稍微震出氣泡,烤箱預熱後,以上火190℃、下火160℃烘烤約12分鐘,表面上色、觸感有彈性即可。
10. 蛋糕出爐後,用手抓著蛋糕紙將蛋糕移至網架上,並撕開四邊蛋糕紙散熱。
11. 依p.33的**撕掉蛋糕紙**作法1〜3及**再翻面一次**作法4〜5,將蛋糕體上色的一面恢復成正面。

◎ **製作夾心餡**

1. 依p.26的作法1〜3,將無鹽奶油、糖粉及鮮奶攪拌成光滑細緻的奶油霜(圖7)。
2. 再加入抹茶粉,繼續攪拌均勻,即成**抹茶簡易奶油霜**(圖8)。

◎ **捲蛋糕&裝飾**

1. 依p.33的作法6〜9,抹上約2/3分量的抹茶簡易奶油霜(圖9)。
2. 依p.34的作法10〜13,以內捲法完成,再將剩餘的奶油霜抹在蛋糕卷上。
3. 刮些白巧克力屑,均勻地撒在蛋糕卷表面裝飾,冷藏30〜60鐘,待蛋糕卷定型後,頭尾修除整齊即完成(圖10)。

4

5

6

140

白巧克力抹茶 蛋糕卷 內捲法

白巧克力濃濃的奶味，正好適時地與抹茶香融合，
兩者不同屬性的香氣互相襯托卻不搶味，
嚐嚐看具有奶香味的抹茶蛋糕卷。

奶油霜抹在蛋糕卷
表面時，只要厚度
平均即可，不需刻
意抹平就可直接撒
上白巧克力屑裝
飾；也可隨個人意
願製作。

TIPS

7

8

9

10

抹茶 豆沙 蛋糕卷

内捲法

抹茶配紅豆，是人人熟悉又讚許的好口味，無論蜜紅豆，
還是蜜花豆都是抹茶不可或缺的最佳搭檔；當然紅豆沙也不惶多讓，
肯定也能創造驚喜的美妙滋味。

材料

戚風蛋糕
- 蛋黃　80克（約4個）
- 細砂糖　20克
- 沙拉油　40克
- 鮮奶　40克
- 低筋麵粉　80克
- 蛋白　160克
- 細砂糖　80克

抹茶線條
- 無鹽奶油　15克
- 糖粉　10克
- 蛋白　15克
- 低筋麵粉　10克
- 抹茶粉　1/2小匙

夾心餡 → 抹茶蛋黃奶油霜
- 無鹽奶油　120克
- 蛋黃　40克
- 細砂糖　10克
- 細砂糖　50克
- 水　25克
- 抹茶粉　1/2小匙
- 配料 → 紅豆沙　100克

作法

◎ 製作蛋糕體

1. **抹茶線條：**無鹽奶油放在室溫下軟化後，與糖粉、蛋白、低筋麵粉及抹茶粉放在同一容器內，用湯匙攪成均勻的抹茶麵糊（圖1）。
2. 將抹茶麵糊裝入紙製擠花袋內，並在尖端處剪一小洞，將抹茶麵糊擠在烤盤上成交叉線條（圖2），接著放入冷凍室凝固備用。
3. **戚風蛋糕：**依p.14的作法1～11，將戚風蛋糕的麵糊製作完成（圖3）。
4. 用橡皮刮刀將麵糊刮入烤盤內（圖4），並改用小刮板將表面抹平。
5. 輕敲烤盤稍微震出氣泡，烤箱預熱後，以上火190℃、下火160℃烘烤約12分鐘，表面呈金黃色、觸感有彈性即可。
6. 蛋糕出爐後，用手抓著蛋糕紙將蛋糕移至網架上，並撕開四邊蛋糕紙散熱。
7. 依p.33的撕掉蛋糕紙作法1～3及**再翻面一次**作法4～5，將蛋糕體上色的一面恢復成正面。

◎ 製作夾心餡

1. 依p.29的作法1～8，將蛋黃奶油霜製作完成。
2. 再加入抹茶粉，繼續攪拌均勻，即成**抹茶蛋黃奶油霜**（圖5）。
3. 依p.22的作法4～7，將平口花嘴裝入擠花袋內，再裝入紅豆沙備用。

◎ 捲蛋糕

1. 依p.33的作法6～9，抹上抹茶蛋黃奶油霜，再將紅豆沙擠出4條平行線（圖6）。
2. 依p.34的作法10～13，以內捲法完成，並以蛋糕紙包住整個蛋糕體，冷藏30～60分鐘，待蛋糕卷定型後，頭尾修除整齊即完成。

1

2

4

3

5

6

◎ 蛋糕體上的抹茶線條，具裝飾效果，可隨個人意願做不同的造型；線條做好後必須冷凍凝固，才不會與麵糊混合模糊。

◎ 作法2的紙製擠花袋的製作方式及使用方式，請看p.11及p.12的作法1～11。

◎ 紅豆沙質地較濃稠乾爽，以擠花袋擠出線條時，可塑成規則造型，只要稍加使力即能順利操作；或可隨興將紅豆沙用手捏成片狀，直接鋪在奶油霜上。

T I P S

抹茶麻糬蛋糕卷 內捲法

蛋糕卷內裏著軟Q的麻糬，入口時的驚喜，讓人回味不已，另外加上蜜黑豆的助陣效果，
因此蛋糕體與慕斯琳，就盡量以原味呈現；如此一來，更顯出豐富的口感層次。

材料

分蛋式海綿蛋糕
　無鹽奶油　35克
　蛋黃　100克（約5個）
　細砂糖　25克
　蛋白　150克（約4個）
　細砂糖　75克
　低筋麵粉　55克
　抹茶粉　1小匙

夾心餡 → 慕斯琳
　無鹽奶油　100克
　蛋黃　40克
　細砂糖　40克
　低筋麵粉　20克
　鮮奶　200克
　香草莢　1/2根
　配料 →
　　抹茶麻糬　100克
　　蜜黑豆　85克

作法

◎ 製作蛋糕體

1. 依p.18的作法1～13，將蛋糕體的麵糊製作完成（圖1）。
2. 取約100克的麵糊加入抹茶粉拌勻，再與作法1的麵糊稍微攪拌成大理石狀（圖2）。
3. 用橡皮刮刀將麵糊刮入烤盤內（圖3），並改用小刮板將表面抹平。
4. 輕敲烤盤稍微震出氣泡，烤箱預熱後，以上火190℃、下火160℃烘烤約12分鐘，表面呈金黃色、觸感有彈性即可。
5. 蛋糕出爐後，用手抓著蛋糕紙將蛋糕移至網架上，並撕開四邊蛋糕紙散熱。
6. 依p.33的**撕掉蛋糕紙**作法1～3及**再翻面一次**作法4～5，將蛋糕體上色的一面恢復成正面。

◎ 製作夾心餡

1. 依p.27的作法1～10，將**慕斯琳**製作完成並冷藏備用（圖4）。
2. 抹茶麻糬切成條狀備用。

◎ 捲蛋糕

1. 依p.33的作法6～9，抹上慕斯琳，再將抹茶麻糬及蜜黑豆分別鋪成3行（圖5）。
2. 依p.34的作法10～13，以內捲法完成，並以蛋糕紙包住整個蛋糕體，冷藏30～60分鐘，待蛋糕卷定型後，頭尾修除整齊即完成。

1

2

3

4

5

◎ 製作大理石狀的麵糊，僅需利用橡皮刮刀將兩種顏色麵糊輕輕地稍微翻動即可，勿攪拌過度，以免失去紋路效果。

◎ 慕斯琳冷藏後易凝固成糰，使用前最好用攪拌機或打蛋器再打發，有助於塗抹在蛋糕體上。

◎ 慕斯琳表面的抹茶麻糬及蜜黑豆，可隨個人意願做不同的鋪排方式，也可將蜜黑豆改成蜜紅豆來製作。

T
I
P
S

白豆沙櫻花蛋糕卷

內捲法

蛋糕卷上朵朵粉嫩的櫻花，春意盎然讓人滿心歡喜，
配上香甜可口的白豆沙慕斯琳，頗有和風的意境美味。

鹽漬櫻花
為日本進口的加工品，鹽漬
後的櫻花經久耐放，需冷藏
保存；使用前必須以清水浸
泡去除鹹味，多用於和果子
裝飾。

材料

◎ 分蛋式海綿蛋糕
   無鹽奶油　40克

   ┌白豆沙　50克
   └鮮奶　25克

   ┌蛋黃　80克（約4個）
   └細砂糖　15克

   ┌蛋白　150克（約4個）
   └細砂糖　75克

   低筋麵粉　50克

◎ 夾心餡 → 白豆沙慕斯琳
   無鹽奶油　80克

   ┌蛋黃　30克
   │細砂糖　30克
   │低筋麵粉　15克
   │鮮奶　160克
   │香草莢　1/2根
   └白豆沙　60克

◎ 配料 → 鹽漬櫻花　約15朵

◎ 櫻花不需鋪滿在烤盤上，僅需
   1/2的面即可，但捲蛋糕時需從
   沒有櫻花的一端開始捲起，捲
   後的成品表面才會出現櫻花。

TIPS

作法

◎ 製作蛋糕體

1. 將鹽漬櫻花用清水濾出鹽分，再放入清水中浸泡約2小時（圖1）。
2. 取出浸泡過的鹽漬櫻花放在廚房紙巾上，吸乾多餘的水分（圖2）。
3. 將櫻花鋪排在烤盤上備用（約1/2的面）（圖3）。
4. 將無鹽奶油放在容器內，以隔水加熱方式融化成液體，加熱時可用小湯匙邊邊攪拌。
5. 依p.18的作法2～3，將蛋黃加細砂糖隔水加熱攪拌，成為乳化狀的蛋黃糊。
6. 將白豆沙及鮮奶放在同一容器內，用小湯匙攪勻成糊狀（圖4），再倒入蛋黃糊內拌勻（圖5）。
7. 依p.18的作法4～8，將蛋白打發成細緻的蛋白霜。
8. 取約1/3分量的蛋白霜，加入作法6的蛋黃糊內，用打蛋器輕輕地稍微拌合。
9. 依p.19的作法11，將麵粉篩入作法8的蛋糊內，攪拌成均勻的麵糊。
10. 取少量麵糊倒入作法4的融化奶油內，用橡皮刮刀快速拌勻。
11. 再倒回原來的麵糊內，用橡皮刮刀從容器底部將所有材料刮拌均勻。
12. 用橡皮刮刀將麵糊刮入烤盤內（圖6），再改用小刮板將表面抹平。
13. 輕敲烤盤稍微震出氣泡，烤箱預熱後，以上火190℃、下火160℃烘烤約12分鐘，表面呈金黃色、觸感有彈性即可。
14. 蛋糕出爐後，用手抓著蛋糕紙將蛋糕移至網架上，並撕開四邊蛋糕紙散熱。
15. 依p.33的**撕掉蛋糕紙**作法1～3（圖7）及再**翻面一次**作法4～5，將蛋糕體上色的一面恢復成正面（有櫻花的一面在底部）。

◎ 製作夾心餡

1. 無鹽奶油放在容器內，於室溫下回軟備用。
2. 依p.27的作法2～6，將蛋黃、細砂糖、低筋麵粉、鮮奶及香草莢用打蛋器攪拌均勻，再加入白豆沙攪散（圖8）。
3. 依p.27的作法7～8，以小火加熱煮成法式奶油布丁餡，再隔冰塊水冷卻。
4. 用攪拌機將軟化的奶油攪拌成奶油糊，再將冷卻後的法式布丁餡分2～3次加入，以快速攪勻，即成**白豆沙慕斯琳**（圖9）。

◎ 捲蛋糕

1. 依p.33的作法6～9，抹上白豆沙慕斯琳（圖10）。
2. 依p.34的作法10～13，以內捲法完成，並以蛋糕紙包住整個蛋糕體，冷藏30～60分鐘，待蛋糕卷定型後，頭尾修除整齊即完成。

Part 5

品味再三的

濃醇滋味

所有濃、醇、香的多層次口感，表現在巧克力、咖啡、太
妃醬的精彩變化上，入口回甘，香氣逼人，從傳統到經典
口味，讓人回味再三。

可可蛋糕卷 外捲法

基本款的可可蛋糕卷，口感單純，外表陽春，但仔細品味下，
也能嚐出可可與奶香交融後的順口滋味，讓人欲罷不能喲！

1

2

3

4

材料

◎ 戚風蛋糕

　無糖可可粉　20克

　熱水　40克

　蛋黃　60克（約3個）

　細砂糖　50克

　沙拉油　50克

　鮮奶　30克

　低筋麵粉　75克

　蛋白　120克（約3個）

　細砂糖　65克

◎ 夾心餡 → 打發鮮奶油

　動物性鮮奶油　180克

　細砂糖　20克

◎ 可可麵糊的濃稠度高，作法6麵糊攪拌時，可先用打蛋器輕輕拌合部分蛋白霜，最後再改用橡皮刮刀拌勻，就能順利操作了。

◎ 以外捲法製作，需注意表皮不可破損；也可隨個人意願，再翻面一次，以內捲法製作。

T I P S

作法

◎ 製作蛋糕體

1. 無糖可可粉加熱水攪勻成可可糊備用（圖1）。

2. 依p.14的作法1～3，將蛋黃加入細砂糖，用打蛋器攪拌均勻成蛋黃糊（圖2）。

3. 再加入可可糊，繼續用打蛋器攪拌均勻成可可蛋黃糊（圖3）。

4. 將低筋麵粉全部篩入可可蛋黃糊內，用打蛋器以不規則方向，輕輕地拌成均勻的可可麵糊。

5. 依p.14的作法5～9，將蛋白打發成細緻的蛋白霜（圖4）。

6. 取約1/3的蛋白霜，加入可可麵糊內，用橡皮刮刀輕輕地稍微拌合，再加入剩餘的蛋白霜，繼續用橡皮刮刀輕輕地從容器底部刮起拌勻（圖5）。

7. 用橡皮刮刀將麵糊刮入烤盤內，再改用小刮板將表面抹平。

8. 輕敲烤盤稍微震出氣泡，烤箱預熱後，以上火190℃、下火160℃烘烤約12分鐘，表面上色、觸感有彈性即可。

9. 蛋糕出爐後，用手抓著蛋糕紙將蛋糕移至網架上，並撕開四邊蛋糕紙散熱。

10. 依p.31的**撕掉蛋糕紙**作法1～3，使蛋糕體上色的一面在底部。

◎ 製作夾心餡

1. 依p.25的作法1～3，將動物性鮮奶油打發（圖6）；打發後的鮮奶油可先將整個容器放在冰塊水上冰鎮，以確保鮮奶油的鬆發質地。

◎ 捲蛋糕

1. 依p.31的作法4～9，抹上打發鮮奶油（圖7）。

2. 依p.32的作法10～13，以外捲法完成，並以蛋糕紙包住整個蛋糕體（圖8），冷藏30～60分鐘，待蛋糕卷定型後，頭尾修除整齊即完成。

5

6

7

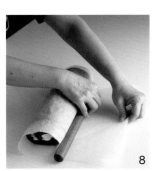
8

酒漬櫻桃蛋糕卷

內捲法

將這款蛋糕卷視為黑森林蛋糕的變身版,巧克力加上酒漬櫻桃,
濃濃的融為一體、風味加倍、酒香十足,唯有親口品嚐才能體會;
如果蛋糕卷也以口味輕重來區分,那麼這款肯定是重口味中的重口味喲!

2

3

4

材料

🌀 全蛋式海綿蛋糕
- 無鹽奶油　30克
- 鮮奶　25克

- 全蛋　200克(約3.5個)
- 蛋黃　20克(約1個)
- 細砂糖　95克

- 低筋麵粉　60克
- 無糖可可粉　15克

🌀 夾心餡 → 苦甜巧克力鮮奶油
- 動物性鮮奶油　80克
- 苦甜巧克力　80克

- 動物性鮮奶油　120克
- 細砂糖　20克
  配料 → 酒漬櫻桃　90克

🌀 裝飾 → 糖粉　適量

作法

🌀 製作蛋糕體

1. 無鹽奶油與鮮奶放在同一容器內，以隔水加熱方式將奶油融化成液體，加熱時可用小湯匙邊攪拌（圖1）。
2. 依p.16的作法2～6，將全蛋、蛋黃及細砂糖攪拌成濃稠的乳白色蛋糊（圖2）。
3. 將低筋麵粉及無糖可可粉一起用細網篩過篩2次，先倒入約1/3的分量，用橡皮刮刀輕輕地將麵粉切入蛋糊內，再從容器底部刮起拌至無顆粒狀。
4. 接著再將剩餘的粉料篩入蛋糊中，並用同樣方式將全部粉料拌勻成麵糊狀。
5. 取少量麵糊倒入作法1的液體內，用橡皮刮刀快速拌勻，再倒回作法4的麵糊內，用橡皮刮刀從容器底部將所有材料刮拌均勻（圖3）。
6. 用橡皮刮刀將麵糊刮入烤盤內，再改用小刮板將表面抹平。
7. 輕敲烤盤稍微震出氣泡，烤箱預熱後，以上火190℃、下火160℃烘烤約12分鐘，表面上色、觸感有彈性即可。
8. 蛋糕出爐後，用手抓著蛋糕紙將蛋糕移至網架上，並撕開四邊蛋糕紙散熱。
9. 依p.33的**撕掉蛋糕紙**作法1～3及**再翻面一次**作法4～5，將蛋糕體上色的一面恢復成正面。

🌀 製作夾心餡

1. 動物性鮮奶油及苦甜巧克力放入鍋內，以隔水加熱方式將巧克力融化，加熱時邊用橡皮刮刀不停地攪拌（圖4）。
2. 攪拌至完全融化，呈現光澤狀的巧克力糊（圖5），再隔冷水降溫備用。
3. 依p.25的作法1～3，將動物性鮮奶油打發至開始變濃稠狀時，即加入冷卻後的巧克力糊（圖6）。
4. 繼續快速攪拌至不會流動的濃稠狀，即成**苦甜巧克力鮮奶油**（圖7），打發後的鮮奶油可先將整個容器放在冰塊水上冰鎮，以確保鮮奶油的鬆發質地。
5. 酒漬櫻桃瀝乾水分備用。

🌀 捲蛋糕 & 裝飾

1. 依p.33的作法6～9，抹上苦甜巧克力鮮奶油，並均勻地鋪上酒漬櫻桃（圖8），再用橡皮刮刀輕輕地將酒漬櫻桃拍入鮮奶油內。
2. 依p.34的作法10～13，以內捲法完成，並以蛋糕紙包住整個蛋糕體，冷藏30～60分鐘，待蛋糕卷定型後，頭尾修除整齊。
3. 取一張蛋糕紙，在紙上切割出5～6個圓圈（直徑如一元硬幣），將蛋糕紙放在蛋糕卷上，再將糖粉篩在空的圓圈上裝飾即完成。

🌀 酒漬櫻桃使用前最好再以廚房紙巾將多餘的水分吸乾，才不會影響鮮奶油的口感；酒漬櫻桃可改成新鮮櫻桃製作，風味絕佳，但必須去籽再使用。

T I P S

5

6

7

8

材料

◎ 分蛋式海綿蛋糕
　無鹽奶油　25克
┌蛋黃　80克（約4個）
│細砂糖　25克
│無糖可可粉　20克
└冷水　20克
┌蛋白　120克（約3個）
└細砂糖　60克
　低筋麵粉　45克

◎ 夾心餡 → 苦甜巧克力鮮奶油
┌動物性鮮奶油　80克
└苦甜巧克力　80克
┌動物性鮮奶油　120克
└細砂糖　20克
　配料 → 香蕉　1根

作法

◎ 製作蛋糕體

1. 將無鹽奶油放在容器內，以隔水加熱方式融化成液體，加熱時可用小湯匙邊攪拌（圖1）。
2. 依p.18的作法2～3，將蛋黃加細砂糖隔水加熱攪拌，成乳化狀的蛋黃糊（圖2）。
3. 加入過篩後的無糖可可粉，用打蛋器攪拌均勻（圖3），接著加入冷水繼續拌勻成可可蛋黃糊（圖4）。
4. 依p.18的作法4～8，將蛋白打發成細緻的蛋白霜（圖5）。
5. 取約1/3的蛋白霜，加入作法3的可可蛋黃糊內，用打蛋器輕輕地稍微拌合（圖6），再加入剩餘的蛋白霜，改用橡皮刮刀輕輕地從容器底部刮起拌勻。
6. 依p.19的作法11，將低筋麵粉分3次篩入蛋糊內，拌勻成麵糊狀。
7. 取少量麵糊倒入作法1的融化奶油內，用橡皮刮刀快速拌勻，再倒回作法6的麵糊內，用橡皮刮刀從容器底部將所有材料刮拌均勻。
8. 用橡皮刮刀將麵糊刮入烤盤內，再改用小刮板將表面抹平。
9. 輕敲烤盤稍微震出氣泡，烤箱預熱後，以上火190℃、下火160℃烘烤約12分鐘，表面上色、觸感有彈性即可。
10. 蛋糕出爐後，用手抓著蛋糕紙將蛋糕移至網架上，並撕開四邊蛋糕紙散熱。
11. 依p.31的**撕掉蛋糕紙**作法1～3，使蛋糕體上色的一面在底部。

◎ 製作夾心餡

1. 依p.153「製作夾心餡」的作法1～4，將**苦甜巧克力鮮奶油**製作完成；打發後的鮮奶油可先將整個容器放在冰塊水上冰鎮，以確保鮮奶油的鬆發質地。
2. 香蕉剝去外皮，切成小段備用。

◎ 捲蛋糕

1. 依p.31的作法4～9，抹上苦甜巧克力鮮奶油，再鋪上香蕉（圖7）。
2. 依p.32的作法10～13，以外捲法完成，並以蛋糕紙包住整個蛋糕體，冷藏30～60分鐘，待蛋糕卷定型後，頭尾修除整齊即完成。

1

2

3

4

巧克力香蕉蛋糕卷 外捲法

當巧克力遇上香蕉，濃、醇、香的迷人滋味，縈繞在口中久久不散；
微苦中帶有熟悉的甜蜜滋味，是很多人的最愛。

5

6

7

◎ 夾心用的香蕉，應選用熟透
  的，口感風味最佳；除了以
  整根做餡料外，也可將香蕉
  切小塊鋪排於內餡中。

◎ 材料中的冷水即一般的生水
  即可。

T
I
P
S

可可木材蛋糕卷 內捲法 （參見 DVD 示範）

從彎曲線條中隱約透著金黃的蛋糕體，兩種麵糊質地，創造雙重的口感體驗，
無論外觀或是品嚐滋味，都有別於一般的蛋糕卷；
可可的濃、杏仁的香交織在入口即化的奶油霜中，讓人回味無窮！

材料

◎ 法式杏仁海綿蛋糕
　無鹽奶油　20克
　┌杏仁粉　60克
　│糖粉　30克
　└全蛋　120克（約2個）
　┌蛋白　100克（約2.5個）
　└細砂糖　60克
　　低筋麵粉　50克

◎ 可可麵糊
　無鹽奶油　25克
　糖粉　20克
　蛋白　25克
　低筋麵粉　20克
　無糖可可粉　5克

◎ 夾心餡 → 可可簡易奶油霜
　┌無鹽奶油　100克
　│糖粉　30克
　└鮮奶　55克
　　無糖可可粉　10克

作法

◎ 製作蛋糕體

1. 烤盤內鋪上蛋糕紙備用。

2. **可可麵糊**：無鹽奶油放在室溫下軟化後，與糖粉、蛋白、低筋麵粉及無糖可可粉放入同一容器內，用湯匙攪成均勻的可可麵糊。

3. 用橡皮刮刀將可可麵糊刮入烤盤上，再改用小刮板慢慢抹平（圖1）。

4. 利用鋸齒刮板將可可麵糊刮出彎曲線條（圖2），接著放入冷凍室凝固備用。

5. **法式杏仁海綿蛋糕**：依p.20的作法1～9，將蛋糕體的麵糊製作完成（圖3）。

6. 用橡皮刮刀將麵糊刮入烤盤內（圖4），再改用小刮板將表面抹平（圖5）。

7. 輕敲烤盤稍微震出氣泡，烤箱預熱後，以上火190℃、下火160℃烘烤約12分鐘，表面呈金黃色、觸感有彈性即可。

8. 蛋糕出爐後，用手抓著蛋糕紙將蛋糕移至網架上，並撕開四邊蛋糕紙散熱。

9. 依p.33的**撕掉蛋糕紙**作法1～3及**再翻面一次**作法4～5，將蛋糕體上色的一面恢復成正面。

◎ 製作夾心餡

1. 依p.26的作法1～3，將無鹽奶油、糖粉及鮮奶攪拌成光滑細緻的奶油霜（圖6）。

2. 再加入無糖可可粉（圖7），繼續攪拌均勻，即成**可可簡易奶油霜**（圖8）。

◎ 捲蛋糕

1. 依p.33的作法6～9，抹上可可簡易奶油霜（圖9）。

2. 依p.34的作法10～13，以內捲法完成，並以蛋糕紙包住整個蛋糕體，冷藏30～60分鐘，待蛋糕卷定型後，頭尾修除整齊即完成。

◎ 可可麵糊的分量非常少，需以硬質的小刮板慢慢推開抹平，呈現薄薄的麵糊狀，才可刮出痕跡效果。

◎ 除了利用鋸齒刮板刮出彎曲線條外，也可用叉子代替製作。

T I P S

1

2

3

4

5

6

7

8

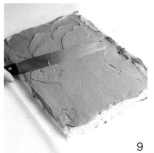

9

可可杏仁 蛋糕卷

內捲法

同樣是可可風味的蛋糕卷，卻因為多了堅果的香氣與口感，
而產生不同的風貌；特別是佐以一杯清香紅茶，
更讓口腔中美好的滋味無限蔓延。

1

2

3

4

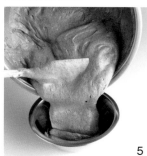

5

材料

🌀 **分蛋式海綿蛋糕**

　無鹽奶油　20克

┌蛋黃　80克（約4個）

└細砂糖　25克

┌蛋白　140克（約3.5個）

└細砂糖　70克

┌低筋麵粉　40克

　杏仁粉　10克

└無糖可可粉　15克

🌀 **裝飾麵糊**

　無鹽奶油　15克

　糖粉　10克

　蛋白　15克

　低筋麵粉　10克

🌀 **夾心餡 → 可可蛋黃奶油霜**

　無鹽奶油　120克

┌蛋黃　40克

└細砂糖　10克

┌細砂糖　50克

└水　25克

　無糖可可粉　10克

　配料 → 杏仁豆　60克

作法

🌀 **製作蛋糕體**

1. **裝飾麵糊**：無鹽奶油放在室溫下軟化後，與糖粉、蛋白及低筋麵粉放在同一容器內，用湯匙攪成均勻的麵糊。
2. 將麵糊裝入紙製擠花袋內，在尖端處剪一小洞，將麵糊擠在烤盤上成交叉線條（圖1），接著放入冷凍室凝固備用。
3. **分蛋式海綿蛋糕**：將無鹽奶油放在容器內，以隔水加熱方式融化成液體，加熱時可用小湯匙邊攪拌（圖2）。
4. 依p.18的作法2～10，將蛋黃糊與蛋白霜混合拌勻（圖3）。
5. 將低筋麵粉、杏仁粉及無糖可可粉放在同一容器內，分3次篩入作法4的蛋糕內（圖4），依p.19的作法11，將全部麵粉拌勻成麵糊狀。
6. 取少量麵糊倒入作法3的融化奶油內，用橡皮刮刀快速拌勻（圖5），再倒回作法5的麵糊內（圖6），用橡皮刮刀從容器底部將所有材料刮拌均勻。
7. 用橡皮刮刀將麵糊刮入烤盤內（圖7），再改用小刮板將表面抹平。
8. 輕敲烤盤稍微震出氣泡，烤箱預熱後，以上火190℃、下火160℃烘烤約12分鐘，表面上色、觸感有彈性即可。
9. 蛋糕出爐後，用手抓著蛋糕紙將蛋糕移至網架上，並撕開四邊蛋糕紙散熱。
10. 依p.33的**撕掉蛋糕紙**作法1～3及**再翻面一次**作法4～5，將蛋糕體上色的一面恢復成正面。

🌀 **製作夾心餡**

1. 烤箱預熱後，將杏仁豆以上、下火150℃烘烤約15分鐘，放涼切碎備用（圖8）。
2. 依p.29的作法1～8，將蛋黃奶油霜製作完成（圖9）。
3. 將無糖可可粉過篩後加入奶油霜內，攪拌均勻（圖10），即成**可可蛋黃奶油霜**。

🌀 **捲蛋糕**

1. 依p.33的作法6～9，抹上可可蛋黃奶油霜，再均勻地鋪上碎杏仁豆（圖11），並用抹刀將杏仁豆拍入奶油霜內（圖12）。
2. 依p.34的作法10～13，以內捲法完成，並以蛋糕紙包住整個蛋糕體，冷藏30～60分鐘，待蛋糕卷定型後，頭尾修除整齊即完成。

🌀 裝飾麵糊的質地與p.138的抹茶線條與p.156的可可麵糊相同；除了作法中的交叉線條外，也可依個人意願做不同的造型。

🌀 夾心餡內的杏仁豆，儘量切碎再使用，以免顆粒過大，而影響切片及品嚐口感；除了以杏仁豆製作外，也可改用其他堅果入餡。

TIPS

材料

🍥 全蛋式海綿蛋糕
- 無鹽奶油　30克
- 鮮奶　25克
- 全蛋　200克（約3.5個）
- 蛋黃　20克（約1個）
- 細砂糖　95克
- 低筋麵粉　60克
- 無糖可可粉　15克

🍥 夾心餡 → 太妃奶油霜
- 細砂糖　80克
- 動物性鮮奶油　100克
- 無鹽奶油　150克

🍥 裝飾 → 巧克力醬
- 苦甜巧克力　50克
- 動物性鮮奶油　50克
- 鮮奶　25克
- 無鹽奶油　15克

🍥 使用巧克力醬擠線條前，最好再用橡皮刮刀攪拌均勻，需呈流質狀較易擠出線條。

T
I
P
S

作法

🍥 製作蛋糕體

1. 依p.153酒漬櫻桃蛋糕卷的作法1～7，將全蛋式海綿蛋糕製作完成。
2. 蛋糕出爐後，用手抓著蛋糕紙將蛋糕移至網架上，並撕開四邊蛋糕紙散熱。
3. 依p.33的**撕掉蛋糕紙**作法1～3及**再翻面一次**作法4～5，將蛋糕體上色的一面恢復成正面。

🍥 製作夾心餡

1. **太妃奶油霜**：無鹽奶油放入容器內，在室溫下軟化備用。
2. 依p.38的作法1～6，將太妃醬製作完成（圖1），放涼備用。
3. 將軟化的無鹽奶油用攪拌機打發，再慢慢倒入太妃醬（圖2），以快速攪拌成光滑細緻的奶油糊，即成**太妃奶油霜**。
4. **巧克力醬**：依p.37的作法1～5，將巧克力醬製作完成。

🍥 捲蛋糕&裝飾

1. 依p.33的作法6～9，抹上約2/3分量的太妃奶油霜（圖3）。
2. 依p.34的作法10～13，以內捲法完成，再將剩餘的奶油霜抹在蛋糕卷表面。
3. 將蛋糕紙裁成長方形（如p.36平滑狀作法）（圖4），放在蛋糕卷前端，慢慢地將奶油霜抹平，冷藏30～60分鐘，待奶油霜凝固定型，再將頭尾修除整齊（圖5）。
4. 將巧克力醬裝入紙製擠花袋內，在尖端處剪一小洞，在蛋糕卷表面擠出線條裝飾即完成（圖6）。

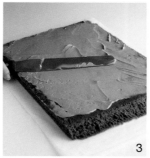

巧克力太妃蛋糕卷

內捲法  （參見 DVD 示範）

微苦的可可加上焦苦的太妃，看似苦味加倍，事實上，
卻有著耐人尋味的回甘美味；濃烈醇厚的成人風，
與這款蛋糕卷畫上等號。

5

6

161

歐培拉蛋糕卷 內捲法

所謂「歐培拉」（Opéra），即法國的經典蛋糕，是由杏仁海綿蛋糕（JOCONDE BISCUIT）
加上咖啡奶油霜飾，層層堆疊製成，表面淋上光可鑑人的巧克力醬，
富含杏仁香、咖啡香、可可香以及蛋糕體中濕潤的酒香；
以這些基本的香氣元素改頭換面一番，也能捲出美味喲！

材料

法式杏仁海綿蛋糕
無鹽奶油　20克

杏仁粉　60克
糖粉　30克
全蛋　120克（約2個）
蛋白　100克（約2.5個）
細砂糖　60克

低筋麵粉　50克

夾心餡 → 咖啡蛋白奶油霜
無鹽奶油　120克

細砂糖　50克
水　25克
蛋白　50克
細砂糖　10克
即溶咖啡粉　1大匙（5克）

熱水　1小匙

淋面→巧克力醬
無鹽奶油　30克

苦甜巧克力　100克
動物性鮮奶油　100克
鮮奶　50克

作法

◎ **製作蛋糕體**

1. 依p.20的作法1～11，將法式杏仁海綿蛋糕製作完成（圖1）。
2. 蛋糕出爐後，用手抓著蛋糕紙將蛋糕移至網架上，並撕開四邊蛋糕紙散熱。
3. 依p.33的**撕掉蛋糕紙**作法1～3及**再翻面一次**作法4～5，將蛋糕體上色的一面恢復成正面。

◎ **製作夾心餡&淋面**

1. **咖啡蛋白奶油霜**：即溶咖啡粉加熱水調成均勻的咖啡液備用（圖2）。
2. 依p.28的作法1～9，將蛋白奶油霜製作完成（圖3）。
3. 將咖啡液慢慢加入奶油霜內（圖4），邊倒邊以快速攪勻，即為光滑細緻的**咖啡蛋白奶油霜**。
4. **巧克力醬**：依p.37的作法1～5，將巧克力醬製作完成（圖5）。

◎ **捲蛋糕&裝飾**

1. 依p.33的作法6～9，抹上約2/3分量的咖啡蛋白奶油霜（圖6）。
2. 依p.34的作法10～13，以內捲法完成，接著將剩餘的奶油霜抹在蛋糕卷表面（圖7）。
3. 將蛋糕紙裁成長方形（如p.36的平滑狀作法），放在蛋糕卷前端，慢慢地將奶油霜抹平，冷藏30～60分鐘，待奶油霜凝固定型。
4. 將蛋糕卷放在網架上備用，再將巧克力醬淋在蛋糕卷表面（圖8），冷藏30～60分鐘，待巧克力醬凝固後，頭尾修除整齊即完成。

◎ 淋巧克力醬時，必須確認：(1)蛋糕卷上的奶油霜已呈凝固狀。(2)巧克力醬需呈理想的流質狀，並已完全降溫。

◎ 巧克力醬如果久置變成濃稠狀，可用橡皮刮刀稍微攪拌，如無法改善，則以隔水加熱方式，邊加熱邊攪拌，很快即能恢復流質狀。

T
I
P
S

雙色果醬蛋糕卷 內捲法

鬆軟的質地、彈性的組織，是海綿蛋糕的特性，
花點功夫帶些耐心「雙管齊下」，將麵糊擠成雙色效果，
足以造就動感有趣的風貌；試試看！有意想不到的成就感喲！

材料

🌀 分蛋式海綿蛋糕
　無鹽奶油　30克
　┌蛋黃　80克（約4個）
　└細砂糖　20克
　┌蛋白　130克（約3.5個）
　└細砂糖　65克
　低筋麵粉　40克
　無糖可可粉　1大匙

🌀 夾心餡 → 打發鮮奶油
　動物性鮮奶油　180克
　細砂糖　20克
　配料 → 覆盆子醬
　　冷凍覆盆子　75克
　　細砂糖　60克
　　苦甜巧克力　15克

作法

◎ 製作蛋糕體

1. 將 2 個平口花嘴分別裝入 2 個擠花袋內備用（圖 1）。
2. 依 p.18 的作法 1 ～ 13，將蛋糕體的麵糊製作完成（圖 2）。
3. 取麵糊約 190 克，加入無糖可可粉，用橡皮刮刀輕輕地攪拌均勻成可可麵糊（圖 3），接著裝入擠花袋內。
4. 再將剩餘的麵糊裝入另一個擠花袋內。
5. 將兩種麵糊分別以平行線條方式擠在烤盤內（圖 4）。
6. 烤箱預熱後，以上火 190℃、下火 160℃ 烘烤約 15 分鐘，表面呈金黃色、觸感有彈性即可。
7. 蛋糕出爐後，用手抓著蛋糕紙將蛋糕移至網架上，並撕開四邊蛋糕紙散熱。
8. 依 p.33 的**撕掉蛋糕紙**作法 1 ～ 3 及**再翻面一次**作法 4 ～ 5，將蛋糕體上色的一面恢復成正面。

◎ 製作夾心餡

1. **覆盆子醬**：冷凍覆盆子與細砂糖放入鍋中，待細砂糖融化（圖 5）。
2. 用小火加熱至沸騰，邊加熱邊攪拌續煮約 10 分鐘，呈濃稠狀。
3. 熄火後加入苦甜巧克力（圖 6），繼續用橡皮刮刀攪拌至融化，放涼備用。
4. **打發鮮奶油**：依 p.25 的作法 1 ～ 3，將動物性鮮奶油打發（圖 7）；打發後的鮮奶油可先將整個容器放在冰塊水上冰鎮，以確保鮮奶油的鬆發質地。

◎ 捲蛋糕

1. 將覆盆子醬裝入紙製擠花袋內備用。
2. 依 p.33 的作法 6 ～ 9，抹上打發鮮奶油，在紙製擠花袋的尖端處剪一小洞，將覆盆子醬擠在鮮奶油上（圖 8）。
3. 依 p.34 的作法 10 ～ 13，以內捲法完成，並以蛋糕紙包住整個蛋糕體，冷藏 30 ～ 60 分鐘，待蛋糕卷定型後，頭尾修除整齊即完成。

◎ 製作雙色麵糊，最好先將兩個裝有平口花嘴的擠花袋備妥，以免麵糊久等消泡。

◎ 擠花袋的使用方式，請參考 p.22 的作法 4 ～ 8。

◎ 覆盆子醬剛煮完成時，質地較稀，待完全冷卻後，即呈濃稠狀。

◎ 紙製擠花袋的製作方式及使用方式，請看 p.11 及 p.12。

TIPS

材料

◎ 全蛋式海綿蛋糕
- 無鹽奶油　25克
- 鮮奶　30克
- 即溶咖啡粉　1大匙
- 全蛋　180克（約3個）
- 蛋黃　20克（約1個）
- 細砂糖　90克
- 低筋麵粉　70克

◎ 夾心餡 → 咖啡蛋黃奶油霜
- 無鹽奶油　120克
- 蛋黃　40克
- 細砂糖　10克
- 細砂糖　50克
- 水　25克
- 即溶咖啡粉　1大匙（5克）
- 熱水　1小匙
- 配料 → 核桃　60克

作法

◎ 製作蛋糕體

1. 無鹽奶油及鮮奶放入同一容器內，隔水加熱將奶油融化，可用小湯匙邊攪拌，接著加入即溶咖啡粉攪拌融化（圖1）。
2. 依p.16的作法2～8，將蛋糕體的麵糊製作完成（圖2）。
3. 取少量麵糊倒入作法1的液體內，用橡皮刮刀快速拌勻（圖3），再倒回作法2的麵糊內（圖4），用橡皮刮刀輕輕地從容器底部將所有材料刮拌均勻。
4. 用橡皮刮刀將麵糊刮入烤盤內，再改用小刮板將表面抹平。
5. 輕敲烤盤稍微震出氣泡，烤箱預熱後，以上火190℃、下火160℃烘烤約12分鐘，表面上色、觸感有彈性即可。
6. 蛋糕出爐後，用手抓著蛋糕紙將蛋糕移至網架上，並撕開四邊蛋糕紙散熱。
7. 依p.31的**撕掉蛋糕紙**作法1～3，使蛋糕體上色的一面在底部。

◎ 製作夾心餡

1. 即溶咖啡粉加熱水調勻成咖啡液備用；烤箱預熱後，核桃以上、下火150℃烘烤約15分鐘，放涼切碎備用。
2. 依p.29的作法1～8，將蛋黃奶油霜製作完成（圖5）。
3. 將咖啡液以少量多次的方式慢慢加入（圖6），並以快速攪勻，即成光滑細緻的**咖啡蛋黃奶油霜**（圖7），再加入碎核桃，用橡皮刮刀拌勻即可（圖8）。

◎ 捲蛋糕

1. 依p.31的作法4～9，抹上咖啡蛋黃奶油霜（圖9）。
2. 依p.32的作法10～13，以外捲法完成，並以蛋糕紙包住整個蛋糕體，冷藏30～60分鐘，待蛋糕卷定型後，頭尾修除整齊即完成。

◎ 蛋糕體及奶油霜內的即溶咖啡粉分量，可隨個人的口感偏好增減。

◎ 奶油霜內的熟核桃，儘量切碎即可混入奶油霜內拌勻，質地滑順細緻，可輕易抹在蛋糕體表面；也可將奶油霜先抹平，再將碎核桃平均地鋪在奶油霜表面。

T I P S

1

2

3

4

5

咖啡核桃蛋糕卷 外捲法 （參見 DVD 示範）

咖啡以核桃提出多層次的香氣，是其他堅果所不及的，所謂的「調味」，在此展現無遺；
一片蛋糕卷配上一杯好茶，就是最簡單的幸福滋味。

6

7

8

9

咖啡慕斯琳蛋糕卷 外捲法

這道蛋糕卷的海綿蛋糕體以原味呈現，特別能突顯夾心餡的咖啡口味，
慕斯琳的奶味融合著咖啡的香濃，猶如一杯溫熱的「拿鐵」，非常平實的美味。

材料

◎ 分蛋式海綿蛋糕
　無鹽奶油　40克
　┌蛋黃　100克（約5個）
　└細砂糖　25克
　┌蛋白　160克（約4個）
　└細砂糖　75克
　低筋麵粉　55克

◎ 咖啡線條
　即溶咖啡粉　1大匙（5克）
　熱水　1小匙
　玉米粉　1小匙

◎ 夾心餡 → 咖啡慕斯琳
　無鹽奶油　100克
　┌蛋黃　40克
　│細砂糖　50克
　│低筋麵粉　20克
　└鮮奶　200克
　即溶咖啡粉　2大匙（10克）
　熱水　1小匙

作法

◎ 製作蛋糕體

1. **咖啡線條**：即溶咖啡粉加熱水調至咖啡粉融化，再加入玉米粉調勻成咖啡液備用（圖1）。

2. 依p.18的作法1～13，將蛋糕體的麵糊製作完成（圖2）。

3. 用橡皮刮刀將麵糊刮入烤盤內，再改用小刮板將表面抹平。

4. 輕敲烤盤稍微震出氣泡，將咖啡液裝入紙製擠花袋內，在尖端處剪一小洞，將咖啡液擠成來回的平行線條，再用竹籤來回的劃出痕跡（圖3）。

5. 烤箱預熱後，以上火190℃、下火160℃烘烤約12分鐘，至表面呈金黃色、觸感有彈性即可。

6. 蛋糕出爐後，用手抓著蛋糕紙將蛋糕移至網架上，並撕開四邊蛋糕紙散熱。

7. 依p.31的**撕掉蛋糕紙**作法1～3，使蛋糕體上色的一面在底部。

◎ 製作夾心餡

1. 即溶咖啡粉加熱水調成均勻的咖啡液備用。

2. 依p.27的作法1～10，將慕斯琳製作完成（圖4）。

3. 再慢慢加入咖啡液（圖5），攪拌均勻即成**咖啡慕斯琳**（圖6）。

◎ 捲蛋糕

1. 依p.31的作法4～9，抹上咖啡慕斯琳（圖7）。

2. 依p.32的作法10～13，以外捲法完成，並以蛋糕紙包住整個蛋糕體，冷藏30～60鐘，待蛋糕卷定型後，頭尾修除整齊即完成。

1

2

3

4

5

6

7

◎ 慕斯琳內的即溶咖啡粉分量，可隨個人的口感偏好增減。

◎ 慕斯琳冷藏後易凝固成糰，使用前最好用攪拌機（或打蛋器）再打發，有利於塗抹在蛋糕體上。

◎ 作法4的紙製擠花袋需事先準備好，製作方式及使用方式，請看p.11及p.12。

TIPS

材料

◎ 法式杏仁海綿蛋糕
- 即溶咖啡粉　1大匙
- 熱水　1小匙
- 杏仁片　25克
- 無鹽奶油　20克
- 杏仁粉　60克
- 糖粉　30克
- 全蛋　130克（約2.2個）
- 蛋白　130克（約3.5個）
- 細砂糖　70克
- 低筋麵粉　55克

◎ 夾心餡 → 咖啡簡易奶油霜
- 無鹽奶油　80克
- 糖粉　30克
- 鮮奶　50克
- 即溶咖啡粉　2小匙

TIPS
- ◎ 麵糊上的杏仁片，經過烘烤加熱仍有烤熟的機會，因此事先只要短時間稍微烘烤即可，應避免過度烘烤。
- ◎ 蛋糕體及奶油霜內的即溶咖啡粉分量，可隨個人的口感偏好增減。
- ◎ 夾心餡的鮮奶加熱時，不需太高溫，以能融化即溶咖啡粉為原則。

作法

◎ 製作蛋糕體

1. 烤箱預熱後，杏仁片以上、下火150℃烘烤約8分鐘，放涼後用手稍微捏碎備用；即溶咖啡粉加熱水調成均勻的咖啡液備用。
2. 無鹽奶油隔水加熱融化成液體，加熱時可用小湯匙一邊攪拌。
3. 杏仁粉及糖粉一起過篩，與全蛋混合用打蛋器攪拌均勻，再加入作法1的咖啡液攪拌均勻，即成咖啡杏仁糊（圖1）。
4. 依p.14的作法5～9，將蛋白打發成細緻的蛋白霜（圖2）。
5. 取約1/3的蛋白霜，加入作法3的咖啡杏仁糊內（圖3），先用打蛋器輕輕地稍微拌合，再加入剩餘蛋白霜，輕輕地從容器底部刮起拌勻。
6. 依p.21的作法6～7，將麵粉分2次篩入杏仁糊內拌勻。
7. 取少量麵糊倒入作法2的融化奶油內，用橡皮刮刀快速拌勻，再倒回原來的麵糊內，將所有材料刮拌均勻。
8. 用橡皮刮刀將麵糊刮入烤盤內，再改用小刮板將表面抹平。
9. 輕敲烤盤稍微震出氣泡，再將碎杏仁片撒在麵糊表面（圖4）。
10. 烤箱預熱後，以上火190℃、下火160℃烘烤約12分鐘，至表面呈金黃色、觸感有彈性即可。
11. 蛋糕出爐後，用手抓著蛋糕紙將蛋糕移至網架上，並撕開四邊蛋糕紙散熱。
12. 依p.31的**撕掉蛋糕紙**作法1～3，使蛋糕體上色的一面在底部。

◎ 製作夾心餡

1. 鮮奶加熱，加即溶咖啡粉調成均勻的鮮奶咖啡液備用。
2. 無鹽奶油放在室溫下回軟，加入糖粉用橡皮刮刀拌合後，再用攪拌機打發成光滑細緻的奶油糊（圖5）。
3. 將作法1的鮮奶咖啡液以少量多次的方式慢慢加入奶油糊中（圖6），繼續快速攪打成光滑細緻狀，即成**咖啡簡易奶油霜**。

◎ 捲蛋糕

1. 依p.31的作法4～9，抹上咖啡簡易奶油霜（圖7）。
2. 依p.32的作法10～13，以外捲法完成，並以蛋糕紙包住整個蛋糕體，冷藏30～60分鐘，待蛋糕卷定型後，頭尾修除整齊即完成。

1

2

3

4

咖啡杏仁蛋糕卷 外捲法

各式夾心餡的奶油霜幾乎不離奶香、奶味的特性，與咖啡結合，
絕對是貼切的搭配，只是融合後的咖啡香，有著不同程度的味蕾感受；
至於差異性如何，有待品嚐者自己去體驗喔！

5

6

7

太妃醬 蛋糕卷

內捲法 （參見 DVD 示範）

太妃醬的焦香隱約帶著些微焦苦，透過口腔中的溫度，慢慢轉換成柔和的奶味；為了緩衝入口的不適感，因此得藉由蛋白量及糖量均高的蛋糕體化解一番，尤其少許的檸檬香，若隱若現，令人驚喜喔！

1

2

3

4

材料

◎ 分蛋式海綿蛋糕
- 蛋黃　20克（約1個）
- 鮮奶　30克
- 檸檬皮　1/2個
- 蛋白　180克（約4.5個）
- 細砂糖　100克
- 低筋麵粉　60克

◎ 夾心餡 → 橙酒蛋白奶油霜
- 無鹽奶油　120克
- 細砂糖　50克
- 水　25克
- 蛋白　50克
- 細砂糖　10克
- 香橙酒（Grand Marnier）　1/2小匙

◎ 淋面 → 太妃醬
- 細砂糖　100克
- 動物性鮮奶油　125克

172

作法

◎ 製作蛋糕體

1. 蛋黃及鮮奶放在同一容器內,用湯匙攪匀,再刨入檸檬皮屑備用(圖1)。
2. 依p.18的作法5～9,將蛋白打發成細緻的蛋白霜(圖2)。
3. 先篩入麵粉約一半的分量(圖3),接著加入作法1的液體約一半的分量(圖4),用橡皮刮刀輕輕地將麵粉壓入蛋白霜內,再從容器底部刮起拌至無顆粒狀。
4. 再將剩餘的麵粉及作法1的液體分別加入(圖5),並用同樣方式將全部材料拌匀成麵糊狀。
5. 用橡皮刮刀將麵糊刮入烤盤內,再改用小刮板將表面抹平。
6. 輕敲烤盤稍微震出氣泡,烤箱預熱後,以上火180℃、下火160℃烘烤約15分鐘,表面呈金黃色、觸感有彈性即可。
7. 蛋糕出爐後,用手抓著蛋糕紙將蛋糕移至網架上,並撕開四邊蛋糕紙散熱。
8. 依p.33的**撕掉蛋糕紙**作法1～3及**再翻面一次**作法4～5,將蛋糕體上色的一面恢復成正面。

◎ 製作夾心餡&淋醬

1. 依p.28的作法1～9,將蛋白奶油霜製作完成(圖6)。
2. 將香橙酒倒入奶油霜內(圖7),以快速攪匀,即為光滑細緻的**橙酒蛋白奶油霜**。
3. 依p.38的作法1～6,將太妃醬製作完成(圖8)。

◎ 捲蛋糕 & 裝飾

1. 依p.33的作法6～9,抹上約2/3分量的橙酒蛋白奶油霜(圖9)。
2. 依p.34的作法10～13,以內捲法完成,接著將剩餘的奶油霜抹在蛋糕卷表面。
3. 將蛋糕紙裁成長方形(如p.36的平滑狀作法),放在蛋糕卷前端,慢慢地將奶油霜抹平,冷藏30～60分鐘,待奶油霜凝固定型。
4. 將蛋糕卷放在網架上,再將太妃醬淋在蛋糕卷表面(圖10),冷藏30～60分鐘,待太妃醬凝固後,頭尾修除整齊即完成。

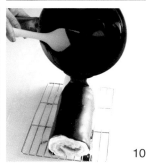

◎ 淋太妃醬的方式,如p.162的歐培拉蛋糕卷,必須確認:(1)蛋糕卷上的奶油霜已呈凝固狀。(2)太妃醬需呈理想的流質狀,並已完全降溫。

◎ 太妃醬如果久置變成濃稠狀,可用橡皮刮刀稍微攪拌,如無法改善,則以隔熱水加熱方式,邊加熱邊攪拌,很快即能恢復流質狀。

T I P S

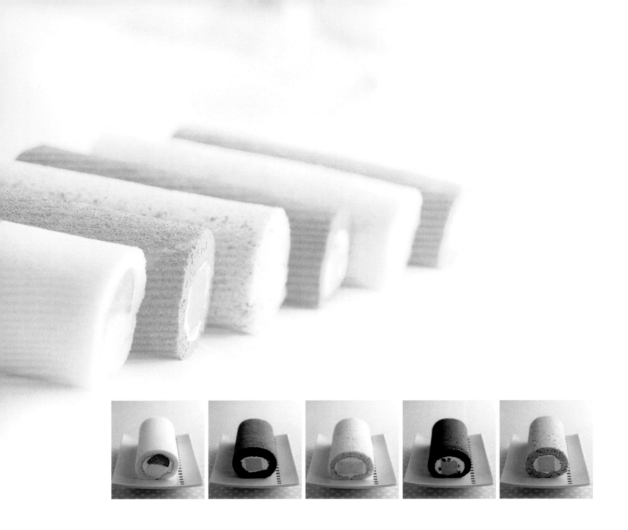

Part 6

人氣 奶凍卷

入口即化的奶凍夾在蛋糕體中，前所未有的新滋味，從原味變化成果香、芋泥香、茶香、可可香……，最夯的各式奶凍卷在家做。

草莓奶凍卷

包覆法 （參見 DVD 示範）

濃醇的原味奶凍必須以香草莢提味，才突顯香甜口感，
搭配新鮮草莓與原味海綿蛋糕，原汁原味讓人百吃不膩。

材料

◎ 分蛋式海綿蛋糕
　無鹽奶油　30克
　┌蛋黃　80克（約4個）
　└細砂糖　20克
　┌蛋白　120克（約3個）
　└細砂糖　60克
　低筋麵粉　45克

◎ 夾心餡 → 香草奶凍
　吉利丁片　1片
　┌鮮奶　125克
　│細砂糖　25克
　│玉米粉　10克
　│動物性鮮奶油　75克
　└香草莢　1/2根
　打發鮮奶油
　動物性鮮奶油　100克
　細砂糖　20克
　草莓5～7顆

 1

 2

 3

 4

作法

◎ 製作蛋糕體

1. 依p.18的作法1～16，將蛋糕體製作完成（圖1）。
2. 依p.33的**撕掉蛋糕紙**作法1～3及**再翻面一次**作法4～5，將蛋糕體上色的一面恢復成正面。

◎ 製作夾心餡

1. **香草奶凍**：將吉利丁片浸泡在冰塊水中，泡軟備用（圖2）。
2. 鮮奶放入鍋中，分別加入細砂糖及玉米粉，用打蛋器攪拌均勻（圖3）。
3. 加入動物性鮮奶油（圖4），用刀子剖開香草莢，刮出豆莢內的籽，連同外皮一起加入鮮奶中。
4. 以小火加熱，需邊煮邊用打蛋器攪拌成濃稠狀的香草奶糊（圖5）。
5. 呈現奶糊狀後立即熄火，再加入擠乾水分的吉利丁片（圖6），用打蛋器攪拌至融化。
6. 取出奶糊內的香草莢，再將奶糊倒入模型內（約14公分×11公分），冷卻後再冷藏凝固，即成香草奶凍（圖7）。
7. **打發鮮奶油**：依p.25的作法1～3，將動物性鮮奶油打發；打發後的鮮奶油可先將整個容器放在冰塊水上冰鎮，以確保鮮奶油的鬆發質地。

◎ 捲蛋糕

1. 將蛋糕體平均切割成2等分備用（圖8）。
2. 香草奶凍切成長條狀、草莓切半備用。
3. 取一片蛋糕放在透明塑膠片上，抹上約2/3分量的鮮奶油，接著鋪上草莓（圖9），再放一條香草奶凍（圖10），最後再抹上薄薄的鮮奶油（圖11）。
4. 將蛋糕體兩側向內合併（圖12），將塑膠片封口處黏上膠帶（如p.35的作法5），冷藏約60分鐘，待蛋糕卷定型後，頭尾修除整齊即完成。

◎ 材料中的打發鮮奶油是1條奶凍卷的用量，蛋糕體及香草奶凍均是2條用量。
◎ 製作奶凍的模型，可依個人的方便性利用不同容器均可；倒入奶糊前可先墊上蛋糕蠟紙或保鮮膜，以利脫模。
◎ 剩餘的奶凍須以保鮮膜完全密封再冷凍保存；再使用時，取出放在冷藏室回軟即可。
◎ 有關捲蛋糕的其他事項，請看p.34～35的包覆法。

T I P S

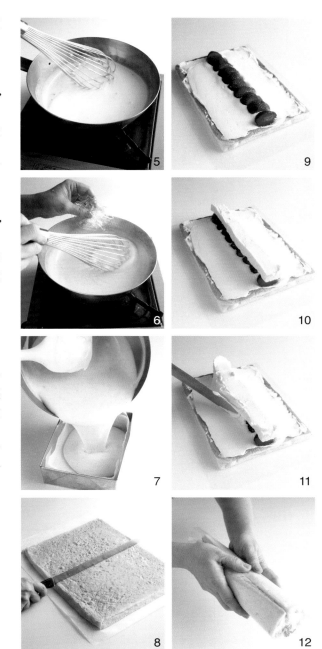

5

9

6

10

7

11

8

12

芒果 奶凍卷 包覆法

無論香氣還是風味都廣受歡迎的芒果，製成軟嫩嫩的奶凍裹在蛋糕卷中，
入口即化，甜在心頭；如適逢芒果季節，別忘了再放些新鮮芒果丁，
美味加分喔！

1

2

3

4

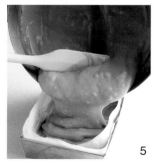
5

材料

◎ 分蛋式海綿蛋糕

無鹽奶油　25克

┌ 蛋黃　80克（約4個）
│ 細砂糖　25克
│ 無糖可可粉　20克
└ 冷水　20克

┌ 蛋白　120克（約3個）
└ 細砂糖　60克

低筋麵粉　45克

◎ 夾心餡 → 芒果奶凍

吉利丁片　1片

┌ 鮮奶　75克
│ 細砂糖　20克
│ 玉米粉　10克
│ 動物性鮮奶油　45克
└ 冷凍芒果果泥　80克

打發鮮奶油

動物性鮮奶油　100克

細砂糖　20克

作法

製作蛋糕體

1. 依p.154的巧克力香蕉蛋糕卷的作法1～9，將蛋糕體製作完成。
2. 依p.33的**撕掉蛋糕紙**作法1～3及**再翻面一次**作法4～5，將蛋糕體上色的一面恢復成正面。

製作夾心餡

1. **芒果奶凍**：將吉利丁片浸泡在冰塊水中，泡軟備用（如p.176的圖2）。
2. 鮮奶放入鍋中，分別加入細砂糖及玉米粉，用打蛋器攪拌均勻（圖1）。
3. 分別加入動物性鮮奶油及冷凍芒果果泥（圖2），攪拌融化後再以小火加熱（圖3），需邊煮邊用打蛋器攪勻成濃稠狀的芒果奶糊。
4. 呈現奶糊狀後立即熄火，再加入擠乾水分的吉利丁片（圖4），用打蛋器攪拌至融化。
5. 再將奶糊倒入模型內（約14公分×11公分），冷卻後再冷藏凝固，即成**芒果奶凍**（圖5）。
6. **打發鮮奶油**：依p.25的作法1～3，將動物性鮮奶油打發；打發後的鮮奶油可先將整個容器放在冰塊水上冰鎮，以確保鮮奶油的鬆發質地。

捲蛋糕

1. 將蛋糕體平均切割成2等分（圖6），芒果奶凍切成長條狀備用。
2. 取一片蛋糕放在透明塑膠片上，抹上約2/3分量的鮮奶油，再放一條芒果奶凍（圖7），最後再抹上薄薄的鮮奶油（圖8）。
3. 將蛋糕體兩側向內合併（圖9），將塑膠片封口處黏上膠帶（圖10），冷藏約60分鐘，待蛋糕卷定型後，頭尾修除整齊即完成。

6

7

8

9

10

> **TIPS**
> ◎ 材料中的打發鮮奶油是1條奶凍卷的用量，蛋糕體及芒果奶凍均是2條用量。
> ◎ 注意事項請看p.177草莓奶凍卷的Tips。
> ◎ 可可口味的分蛋式海綿蛋糕，也可改成如p.176草莓奶凍卷的原味蛋糕體。

芋泥奶凍卷 包覆法

芋頭的香氣與口感，是很多人的最愛，用來製成不同產品，也都能展現這平凡食材的魅力；
因此香滑細緻的芋泥奶凍，肯定也是大家熟悉又討好的美味。

材料

◎ 分蛋式海綿蛋糕

　無鹽奶油　30克

　┌ 蛋黃　80克（約4個）

　　細砂糖　20克

　└ 芋頭泥　40克

　┌ 蛋白　130克（約3.5個）

　└ 細砂糖　65克

　低筋麵粉　45克

◎ 夾心餡 → 芋泥奶凍

　吉利丁片　1片

　┌ 鮮奶　75克

　　細砂糖　30克

　　玉米粉　10克

　　動物性鮮奶油　50克

　└ 芋頭泥　50克

　打發鮮奶油

　動物性鮮奶油　100克

　細砂糖　20克

1

2

3

4

作法

製作蛋糕體

1. 將無鹽奶油放在容器內,以隔水加熱方式融化成液體,加熱時可用小湯匙邊攪拌(圖1)。
2. 依p.18的作法2～3,將蛋黃加細砂糖隔水加熱攪拌,呈乳化狀的蛋黃糊(圖2)。
3. 將芋頭泥倒入蛋黃糊內(圖3),用打蛋器攪散(圖4)。
4. 依p.18的作法4～8,將蛋白打發成細緻的蛋白霜(圖5)。
5. 取約1/3分量的蛋白霜,加入作法3的蛋黃糊內,用橡皮刮刀輕輕地稍微拌合。
6. 再加入剩餘的蛋白霜,繼續用橡皮刮刀輕輕地從容器底部刮起拌勻(圖6)。
7. 依p.19的作法11,將麵粉篩入作法6的蛋糊內,攪拌成均勻的麵糊。
8. 取少量麵糊與作法1的融化奶油拌勻(圖7),再倒回作法7的麵糊內,用橡皮刮刀從容器底部將所有材料刮拌均勻(圖8)。
9. 用橡皮刮刀將麵糊刮入烤盤內,再改用小刮板將表面抹平。
10. 輕敲烤盤稍微震出氣泡,烤箱預熱後,以上火190℃、下火160℃烘烤約12分鐘,表面呈金黃色、觸感有彈性即可。
11. 蛋糕出爐後,用手抓著蛋糕紙將蛋糕移至網架上,並撕開四邊蛋糕紙散熱。
12. 依p.33的**撕掉蛋糕紙**作法1～3及**再翻面一次**作法4～5,將蛋糕體上色的一面恢復成正面。

製作夾心餡

1. **芋泥奶凍**:將吉利丁片浸泡在冰塊水中,泡軟備用(如p.176的圖2)。
2. 鮮奶放入鍋中,分別加入細砂糖及玉米粉,用打蛋器攪拌均勻(圖9)。
3. 加入動物性鮮奶油後,再以小火加熱,需邊煮邊用打蛋器攪拌成濃稠狀的奶糊。
4. 呈現奶糊狀後立即加入芋頭泥(圖10),繼續用打蛋器攪散成芋泥奶糊。
5. 熄火後再加入擠乾水分的吉利丁片(圖11),用打蛋器攪拌至融化。
6. 再將芋泥奶糊倒入模型內(約14公分×11公分),冷卻後再冷藏凝固,即成芋泥奶凍(圖12)。
7. **打發鮮奶油**:依p.25的作法1～3,將動物性鮮奶油打發;打發後的鮮奶油可先將整個容器放在冰塊水上冰鎮,以確保鮮奶油的鬆發質地。

捲蛋糕

1. 將蛋糕體平均切割成2等分、芋頭奶凍切成長條狀備用。
2. 捲蛋糕的方式依p.178的芒果奶凍卷,兩者完全相同。

5

9

6

10

7

11

8

12

◎ 材料中的打發鮮奶油是1條奶凍卷的用量,蛋糕體及芋泥奶凍均是2條用量。
◎ 材料中共需芋頭泥90克:將芋頭去皮取約90克,切成小塊再蒸熟,趁熱用叉子壓成泥狀,也可裝入塑膠袋內用擀麵棍擀成泥狀;如希望芋泥細緻,則可利用網篩將芋泥過篩;如芋泥中留有些微的顆粒,則會讓奶凍有特別的口感。
◎ 注意事項請看p.177草莓奶凍卷的Tips。

T
I
P
S

材料

◎ 分蛋式海綿蛋糕

　　無鹽奶油　30克

　　┌ 蛋黃　100克（約5個）

　　│ 細砂糖　20克

　　└ 竹炭粉　4克（2小匙）

　　┌ 蛋白　150克（約4個）

　　└ 細砂糖　75克

　　低筋麵粉　55克

◎ 夾心餡 → 抹茶奶凍

　　吉利丁片　1片

　　┌ 鮮奶　125克

　　│ 細砂糖　25克

　　│ 玉米粉　10克

　　│ 抹茶粉　1½小匙

　　└ 動物性鮮奶油　75克

　　打發鮮奶油

　　動物性鮮奶油　100克

　　細砂糖　20克

　　配料

　　蜜紅豆　35克

◎ 材料中的打發鮮奶油是1條奶凍卷的用量，蛋糕體及抹茶奶凍均是2條用量。

◎ 注意事項請看p.177草莓奶凍卷的Tips。

◎ 捲蛋糕的方式請參考p.178的芒果奶凍卷。

TIPS

作法

◎ **製作蛋糕體**

1. 將無鹽奶油放在容器內，以隔水加熱方式融化成液體，加熱時可用小湯匙邊攪拌。
2. 依p.18的作法2～3，將蛋黃加細砂糖隔水加熱攪拌，成為乳化狀的蛋黃糊。
3. 加入竹炭粉，用打蛋器攪拌均勻（圖1）。

1

4. 依p.18的作法4～8，將蛋白打發成細緻的蛋白霜。
5. 取約1/3分量的蛋白霜，加入作法3的蛋黃糊內（圖2），用橡皮刮刀輕輕地稍微拌合。

2

6. 再加入剩餘的蛋白霜，繼續用橡皮刮刀輕輕地從容器底部刮起拌勻（圖3）。
7. 先篩入約1/3分量的低筋麵粉（圖4），用橡皮刮刀輕輕地將麵粉壓入蛋糕內，再從容器底部刮起拌至無顆粒狀，接著再篩入麵粉（圖5），並用同樣方式將全部麵粉拌勻。

3

8. 取少量麵糊與作法1的融化奶油拌勻（圖6），再倒回作法7的麵糊內（圖7），用橡皮刮刀將所有材料刮拌均勻。
9. 用橡皮刮刀將麵糊刮入烤盤內，再改用小刮板將表面抹平（圖8）。
10. 輕敲烤盤稍微震出氣泡，烤箱預熱後，以上火190℃、下火160℃烘烤約12分鐘，表面上色、觸感有彈性即可。

4

11. 蛋糕出爐後，用手抓著蛋糕紙將蛋糕移至網架上，並撕開四邊蛋糕紙散熱。
12. 依p.33的**撕掉蛋糕紙**作法1～3及**再翻面一次**作法4～5，將蛋糕體上色的一面恢復成正面。

◎ **製作夾心餡**

1. **抹茶奶凍**：將吉利丁片浸泡在冰塊水中，泡軟備用。
2. 鮮奶放入鍋中，分別加入細砂糖、玉米粉及抹茶粉，用打蛋器攪拌均勻。
3. 加入動物性鮮奶油後，再以小火加熱，需邊煮邊用打蛋器攪拌成濃稠的抹茶奶糊。
4. 呈現奶糊狀後立即熄火，再加入擠乾水分的吉利丁片（圖9），用打蛋器攪拌至融化。
5. 再將抹茶奶糊倒入模型內（約14公分×11公分），冷卻後再冷藏凝固，即成抹茶奶凍（圖10）。
6. **打發鮮奶油**：依p.25的作法1～3，將動物性鮮奶油打發；打發後的鮮奶油可先將整個容器放在冰塊水上冰鎮，以確保鮮奶油的鬆發質地。

5

◎ **捲蛋糕**

1. 將蛋糕體平均切割成2等分、抹茶奶凍切成長條狀備用。
2. 取一片蛋糕放在透明塑膠片上，抹上約2/3分量的鮮奶油，再均勻地鋪上蜜紅豆（圖11），再放一條抹茶奶凍（圖12），最後再抹上薄薄的鮮奶油。
3. 將蛋糕體兩側向內合併，將塑膠片封口處黏上膠帶，冷藏約60分鐘，待蛋糕卷定型後，頭尾修除整齊即完成。

抹茶奶凍卷 包覆法

將抹茶奶凍包在黝黑的蛋糕體中，只為營造不同的視覺效果，如希望裡裡外外的抹茶全部到位，那麼可選書上任何一款抹茶口味的蛋糕體製作；總之，隨心所欲做變化，也是樂趣所在。

6

7

8

9

10

11

12

伯爵茶奶凍卷 包覆法

以茶入甜點，主要是取其香氣並排除苦澀味，為了突顯伯爵茶在奶凍中的風味，
因此濃濃的茶汁絕對是必要元素；有奶有茶之後，兩者互相襯托提味，
才能造就奶香與茶香兼具的好口感。

材料

◎ 分蛋式海綿蛋糕

無鹽奶油　30克

┌伯爵茶　2小匙
├鮮奶　20克
├蛋黃　80克（約4個）
└細砂糖　25克

┌蛋白　150克（約4個）
└細砂糖　75克

低筋麵粉　55克

◎ 夾心餡 → 伯爵茶奶凍

吉利丁片　1片

┌鮮奶　140克
└伯爵茶　2小匙

┌細砂糖　30克
├玉米粉　10克
└動物性鮮奶油　75克

　打發鮮奶油

動物性鮮奶油　100克

細砂糖　20克

作法

⦿ 製作蛋糕體

1. 無鹽奶油隔水加熱至融化、伯爵茶加鮮奶隔水加熱至鮮奶顏色呈咖啡色備用（圖1）。
2. 依p.18的作法2～3，將蛋黃加細砂糖隔水加熱攪拌，成為乳化狀的蛋黃糊（圖2）。
3. 將作法1的伯爵茶鮮奶連同茶渣倒入蛋黃糊內，用打蛋器攪拌均勻。
4. 依p.18的作法4～8，將蛋白打發成細緻的蛋白霜（圖3）。
5. 依p.19的作法9～10，將蛋黃糊與蛋白霜混合。
6. 依p.19的作法11，將麵粉篩入作法5的蛋糊內，攪拌成均勻的麵糊。
7. 依p.19的作法12～13，將作法1的融化奶油與麵糊拌勻。
8. 用橡皮刮刀將麵糊刮入烤盤內，再改用小刮板將表面抹平。
9. 輕敲烤盤稍微震出氣泡，烤箱預熱後，以上火約190℃、下火約160℃烘烤約12分鐘左右，表面呈金黃色、觸感有彈性即可。
10. 蛋糕出爐後，用手抓著蛋糕紙將蛋糕移至網架上，並撕開四邊蛋糕紙散熱。
11. 依p.33的**撕掉蛋糕紙**作法1～3及**再翻面一次**作法4～5，將蛋糕體上色的一面恢復成正面。

⦿ 製作夾心餡

1. **伯爵茶奶凍：**將吉利丁片浸泡在冰塊水中，泡軟備用。
2. 鮮奶加熱至約90℃後，再加入伯爵茶浸泡約十分鐘，使鮮奶顏色呈咖啡色，瀝出茶汁並壓乾茶葉內殘留的汁液（圖4）。
3. 將茶汁再倒回鍋中，分別加入細砂糖、玉米粉及動物性鮮奶油，用打蛋器攪拌均勻。
4. 以小火加熱，需邊煮邊用打蛋器攪拌成濃稠的伯爵茶奶糊（圖5）。
5. 呈現奶糊狀後立即熄火，再加入擠乾水分的吉利丁片（圖6），用打蛋器攪拌至融化。
6. 再將伯爵茶奶糊倒入模型內（約14公分×11公分），冷卻後再冷藏凝固，即成伯爵茶奶凍（圖7）。
7. **打發鮮奶油：**依p.25的作法1～3，將動物性鮮奶油打發；打發後的鮮奶油可先將整個容器放在冰塊水上冰鎮，以確保鮮奶油的鬆發質地。

⦿ 捲蛋糕

1. 將蛋糕體平均切割成2等分，伯爵茶奶凍切成長條狀備用。
2. 捲蛋糕的方式依p.178的芒果奶凍卷，兩者完全相同。

⦿ 材料中的打發鮮奶油是1條奶凍卷的用量，蛋糕體及伯爵茶奶凍均是2條用量。
⦿ 注意事項請看p.177草莓奶凍卷的Tips。

TIPS

3

4

5

6

7

材料

◎ 分蛋式海綿蛋糕
　　無鹽奶油　25克
　┌蛋黃　80克（約4個）
　│細砂糖　25克
　│無糖可可粉　20克
　└冷水　20克
　┌蛋白　120克（約3個）
　└細砂糖　60克
　　低筋麵粉　45克

◎ 夾心餡 → 可可奶凍
　　吉利丁片　1片
　┌鮮奶　125克
　│細砂糖　30克
　│玉米粉　10克
　│無糖可可粉　10克
　└動物性鮮奶油　75克
　　打發鮮奶油
　　動物性鮮奶油　100克
　　細砂糖　20克

◎ 材料中的打發鮮奶油是1條奶
　凍卷的用量，蛋糕體及可可
　奶凍均是2條用量。
◎ 注意事項請看p.177草莓奶凍
　卷的Tips。

TIPS

作法

◎ 製作蛋糕體

1. 依p.154的巧克力香蕉蛋糕卷的作法1～9，將蛋糕體製作完成。
2. 依p.33的**撕掉蛋糕紙**作法1～3及**再翻面一次**作法4～5，將蛋糕體上色的一面恢復成正面。

◎ 製作夾心餡

1. **可可奶凍**：將吉利丁片浸泡在冰塊水中，泡軟備用；無糖可可粉過篩備用。
2. 鮮奶放入鍋中，分別加入細砂糖及玉米粉，用打蛋器攪拌均勻（圖1）。
3. 分別加入無糖可可粉及動物性鮮奶油（圖2），用打蛋器攪拌均勻後，再以小火加熱，需邊煮邊用打蛋器攪拌成濃稠的可可奶糊。
4. 呈現奶糊狀後立即熄火，再加入擠乾水分的吉利丁片（圖3），用打蛋器攪拌至融化。
5. 再將可可奶糊倒入模型內（約14公分×11公分），冷卻後再冷藏凝固，即成可可奶凍（圖4）。
6. **打發鮮奶油**：依p.25的作法1～3，將動物性鮮奶油打發；打發後的鮮奶油可先將整個容器放在冰塊水上冰鎮，以確保鮮奶油的鬆發質地。

◎ 捲蛋糕

1. 將蛋糕體平均切割成2等分、可可奶凍切成長條狀備用。
2. 取一片蛋糕放在透明塑膠片上，抹上約2/3分量的鮮奶油，再放一條可可奶凍（圖5），最後再抹上薄薄的鮮奶油。
3. 將蛋糕體兩側向內合併（圖6）（圖7），將塑膠片封口處黏上膠帶，冷藏約60分鐘，待蛋糕卷定型後，頭尾修除整齊即完成。

1　　2　　3

可可奶凍卷 包覆法

濃醇的可可調在大量的奶中，無論熱飲還是冰涼入口，肯定有截然不同的品嚐滋味；
而可可奶凍賦予蛋糕卷的美味效果，也是從每一口的溫度起伏間，讓人體會個中滋味。

4

5

6

7

全省烘焙材料行

台北市

燈燦
103 台北市大同區民樂街125號
（02）2553-4495

日盛（烘焙機具）
103 台北市大同區太原路175巷21號1樓
（02）2550-6996

洪春梅
103 台北市民生西路389號
（02）2553-3859

果生堂
104 台北市中山區龍江路429巷8號
（02）2502-1619

申崧
105 台北市松山區延壽街402巷2弄13號
（02）2769-7251

義興
105 台北市富錦街574巷2號
（02）2760-8115

源記（富陽）
106 台北市大安區富陽街21巷18弄4號1樓
（02）2369-9568

正大（康定）
108 台北市萬華區康定路3號
（02）2311-0991

源記（崇德）
110 台北市信義區崇德街146巷4號1樓
（02）2736-6376

日光
110 台北市信義區莊敬路341巷19號1樓
（02）8780-2469

大億
111 台北市士林區後港街119號
（02）2883-8158

飛訊
111 台北市士林區承德路四段277巷83號
（02）2883-0000

得宏
115 台北市南港區研究院路一段96號
（02）2783-4843

菁乙
116 台北市文山區景華街88號
（02）2933-1498

全家（景美）
116 台北市羅斯福路五段218巷36號1樓
（02）2932-0405

基隆

美豐
200 基隆市仁愛區孝一路36號1樓
（02）2422-3200

富盛
200 基隆市仁愛區曲水街18號1樓
（02）2425-9255

嘉美行
202 基隆市中正區豐稔街130號B1
（02）2462-1963

證大
206 基隆市七堵區明德一路247號
（02）2456-6318

台北縣

大家發
220 台北縣板橋市三民路一段101號
（02）8953-9111

全成功
220 台北縣板橋市互助街36號
　　（新埔國小旁）
（02）2255-9482

旺達
220 台北縣板橋市信義路165號1F
（02）2952-0808

聖寶
220 台北縣板橋市觀光街5號
（02）2963-3112

佳佳
231 台北縣新店市三民路88號
（02）2918-6456

艾佳（中和）
235 台北縣中和市宜安路118巷14號
（02）8660-8895

安欣
235 台北縣中和市連城路389巷12號
（02）2226-9077

全家（中和）
235 台北縣中和市景安路90號
（02）2245-0396

馥品屋
238 台北縣樹林市大安路173號
（02）8675-1687

鼎香居
242 台北縣新莊市新泰路408號
（02）2998-2335

永誠
239 台北縣鶯歌鎮文昌街14號
（02）2679-8023

崑龍
241 台北縣三重市永福街242號
（02）2287-6020

今今
248 台北縣五股鄉四維路142巷15、16號
（02）2981-7755

宜蘭

欣新
260 宜蘭市進士路155號
（03）936-3114

裕明
265 宜蘭縣羅東鎮純精路二段96號
（03）954-3429

桃園

艾佳（中壢）
320 桃園縣中壢市環中東路二段762號
（03）468-4558

家佳福
324 桃園縣平鎮市環南路66巷18弄24號
（03）492-4558

陸光
334 桃園縣八德市陸光街1號
（03）362-9783

艾佳（桃園）
330 桃園市永安路281號
（03）332-0178

做點心過生活
330 桃園市復興路345號
（03）335-3963

櫻枋
338 桃園縣蘆竹鄉南上路122號
（03）212-5683

新竹

永鑫
300 新竹市中華路一段193號
（03）532-0786

力陽
300 新竹市中華路三段47號
（03）523-6773

新盛發
300 新竹市民權路159號
（03）532-3027

萬和行
300 新竹市東門街118號（模具）
（03）522-3365

康迪
300 新竹市建華街19號
（03）520-8250

富讚
300 新竹市港南里海埔路179號
（03）539-8878

艾佳（竹北）
新竹縣竹北市成功八路286號
（03）550-5369

Home Box 生活素材館
320 新竹縣竹北市縣政二路186號
（03）555-8086

苗栗

天隆
351 苗栗縣頭份鎮中華路641號
（03）766-0837

台中

總信
402 台中市南區復興路三段109-4號
（04）2220-2917

永誠
403 台中市西區民生路147號
（04）2224-9876

永誠
403 台中市西區精誠路317號
（04）2472-7578

德麥（台中）
402 台中市西屯區黎明路二段793號
（04）2252-7703

永美
404 台中市北區健行路665號（健行國小對面）
（04）2205-8587

齊誠
404 台中市北區雙十路二段79號
（04）2234-3000

利生
407 台中市西屯區西屯路二段28-3號
（04）2312-4339

辰豐
407 台中市西屯區中清路151之25號
（04）2425-9869

廣三SOGO百貨
台中市中港路一段299號
（04）2323-3788

豐榮食品材料
420 台中縣豐原市三豐路317號
（04）2522-7535

明興
420 台中縣豐原市瑞興路106號
（04）2526-3953

彰化

敬崎（永誠）
500 彰化市三福街195號
（04）724-3927

家庭用品店
500 彰化市永福街14號
（04）723-9446

福隆
彰化市太平街36號
（04）723-1479

億全材料行
彰化市中山路二段252號
（04）723-2903

永誠
508 彰化縣和美鎮彰新路2段202號
（04）733-2988

金永誠
510 彰化縣員林鎮員水路2段423號
（04）832-2811

南投

順興
542 南投縣草屯鎮中正路586-5號
（04）9233-3455

信通行
542 南投縣草屯鎮太平路二段60號
（04）9231-8369

宏大行
545 南投縣埔里鎮清新里永樂巷16-1號
（04）9298-2766

嘉義

新瑞益（嘉義）
660 嘉義市仁愛路142-1號
（05）286-9545

采軒（兩隻寶貝）
600 嘉義市博東路171號
（05）275-9900

雲林

新瑞益（雲林）
630 雲林縣斗南鎮七賢街128號
（05）596-3765

好美
640 雲林縣斗六市中山路218號
（05）532-4343

彩豐
640 雲林縣斗六市西平路137號
（05）534-2450

台南

瑞益
700 台南市中區民族路二段303號
（06）222-4417

富美
704 台南市北區開元路312號
（06）237-6284

世峰
703 台南市北區大興街325巷56號
（06）250-2027

玉記（台南）
703 台南市中西區民權路三段38號
（06）224-3333

永昌（台南）
701 台南市東區長榮路一段115號
（06）237-7115

永豐
702 台南市南區賢南街51號
（06）291-1031

銘泉
704 台南市北區和緯路二段223號
（06）251-8007

上輝行
702 台南市南區興隆路162號
（06）296-1228

佶祥
710 台南縣永康市永安路197號
（06）253-5223

高雄

玉記（高雄）
800 高雄市六合一路147號
（07）236-0333

正大行（高雄）
800 高雄市新興區五福二路156號
（07）261-9852

新鈺成
806 高雄市前鎮區千富街241巷7號
（07）811-4029

旺來昌
806 高雄市前鎮區公正路181號
（07）713-5345-9

德興（德興烘焙原料專賣場）
807 高雄市三民區十全二路101號
（07）311-4311

十代
807 高雄市三民區懷安街30號
（07）381-3275

德麥（高雄）
807 高雄市三民區銀杉街55號
（07）397-0415

茂盛
820 高雄縣岡山鎮前峰路29-2號
（07）625-9679

鑫隴
830 高雄縣鳳山市中山路237號
（07）746-2908

屏東

啟順
900 屏東市民和路73號
（08）723-7896

翔峰
900 屏東市廣東路398號
（08）737-4759

翔峰（裕軒）
920 屏東縣潮州鎮太平路473號
（08）788-7835

四海食品原料行(屏東店)
908 屏東市民生路180-5號
（08）733-5595

台東

玉記行（台東）
950 台東市漢陽北路30號
（089）326-505

花蓮

大麥
973 花蓮縣吉安鄉建國路一段58號
（03）846-1762

萬客來
970 花蓮市和平路440號
（03）836-2628

國家圖書館出版品預行編目資料

孟老師的美味蛋糕卷／孟兆慶著. --初
版. -- 臺北縣深坑鄉：葉子，2010.03
面；　公分. --（銀杏）
ISBN 978-986-7609-99-1（平裝附數
位影音光碟）
1.點心食譜
427.16　　　　　　　　　　　99002648

孟老師的美味蛋糕卷

作　　者／孟兆慶
出　　版／葉子出版股份有限公司
發 行 人／葉忠賢
總 編 輯／閻富萍
美術設計／莊心慈、王麗鈴（桃子創意坊）
攝　　影／徐博宇（迷彩攝影）
DVD 製作／李永剛（可比創意）

地　　址／台北縣深坑鄉北深路三段 260 號 8 樓
電　　話／886-2-8662-6826
傳　　真／886-2-2664-7633
服務信箱／service@ycrc.com.tw
網　　址／www.ycrc.com.tw

印　　刷／鼎易印刷事業股份有限公司
ＩＳＢＮ／978-986-7609-99-1
初版一刷／2010 年 3 月
初版三刷／2017 年 02 月
新 台 幣／420 元

總 經 銷／揚智文化事業股份有限公司
地　　址／台北縣深坑鄉北深路三段 260 號 8 樓
電　　話／886-2-8662-6826
傳　　真／886-2-2664-7633